JN120961

興亡

電力をめぐる政治と経済

大谷 健

吉田書店

〔初版〕はじめに

過去の歴史をひもとく人は、折々、ある重大な時期に、もしも別の決断が下されていたら、歴史はどう変わり、今はどうなっているかを想像したくなる。

筆者が日本における電力事業国家管理の歴史を調べるようになったきっかけは、財政破綻と労使関係悪化の典型のような公共企業体「国鉄」と、日本経済の死命を制する基幹産業でありながら、戦後私企業に転換した「九電力」を、経営形態の相違という観点から比較分析したかったからである。その時、いつも脳裏を走るのは「もしもあの時、電力再編成ができず、電力国営のままだったら」という疑問であった。この「もしも」という問題意識から、過去の電力業界の歩みを洗い直してみたのが、この本である。そして筆者の本当のねらいは、過去の電力産業を素材にした国営、民営の是非論なのである。

日本では国鉄の経営ぶりが一因となって、国営企業に対する評価は高くない。だから社会、公明、民社、共産のいわゆる革新政党の政策綱領をみても、産業の国有、国営化についてきわめて慎重で、社共両党ですら、彼らのいう「金融独占資本」の大銀行の国有化に触れていない。大企業批判の合唱が盛んなのに、これは意外な一致である。

にもかかわらず、これまた四党が一致して、ただエネルギー産業だけは、何らかの公有化の必要を認めている。エネルギー危機に備えて、野党のこの主張は一見妥当なようにみえる。

だが、これから電力産業を国営、国有化するのが日本にとってプラスかどうか。それを考える前に、日本の電力産業が昭和十四年から二十六年まで、十二年余にわたって国営化されていた、その時の貴重な体験を、もう一度掘り起こす必要がある。その批判的検討なしに進める議論はしょせん空論である。おそらく日本人の大半は、日本の電力がかつて国営化されていたことを知らないか、忘れてしまっている。

日本の電力産業がどうして私営から国家管理に移行したのか。電力国管は成功したのか。戦後どうして私営の九電力体制に再編成しなければならなかったのか。再編成してみた結果はどうだったのか——これらは自明のようでありながら、案外突っ込んだ検討がなされていない。

筆者はこうした疑問にかられ、電力産業の過去を探ってみたのだが、そこにはらまれている問題点は大きく、しかも今日的であるのに一驚した。そこには、これからの日本の経済体制や企業形態を考えるための尽きせぬデータがある。

しかも日本発送電という国策会社の誕生と解体をめぐる巨大なドラマに登場する多彩な人物の動きの面白さにまったく魅せられてしまった。軍部と結んだ革新官僚や政治家、財界人、そして左翼知識人もまじった電力国管を第一幕とするなら、吉田茂首相がからんだ中で、電力再編成推進の松永安左ェ門と最後の日発総裁小坂順造が対決する第二幕は圧巻である。

日常、目の前に生起する事象をとらえるのを仕事とする新聞記者の筆者には、歴史的分析は手に余る。しかし本当は、歴史を知らずして現状の分析ができないことも事実である。そうした思いから、かなり前から電力史の勉強にとりかかり、日常の仕事にも利用してきたが、その研究を一本にまとめたくなった。幸い電力新報社の酒井節雄社長、本間宇瑠男編集部長が、月刊誌『電力新報』の紙面を提供してくれた。この本は同誌昭和五十一年二月号から五十二年五月号に十三回にわたって連載したものを骨子としている。

雑誌に連載させていただいた電力新報社と本にしてくれた産業能率短大出版部の好意に改めて感謝するとともに、資料集めに協力していただいた東京電力、関西電力、また電力中央研究所の長瀬誠次、三浦義文の両氏に厚くお礼を申し上げたい。

昭和五十三年三月

大谷　健

〔再版〕はじめに

第二次臨時行政調査会、いわゆる土光臨調が提示した行政改革の目玉商品は国鉄、電電公社、専売公社の民営化である。しかし、その具体案を考えるにあたって、何か先例があれば参考になる。たまたま日本における基幹産業の民営・分割を断行した「電気事業再編成」を書いた拙著『興亡』が目に止まったらしく、臨調、国鉄、電電や一般の方々から、読みたいが手持ちはないかとの問合せが相次いだ。

かなり前、昭和五十三年に出版し、もう絶版になった旧著が再び注目されるようになったのは筆者としてもうれしいので、発行元の産業能率大学出版部から残部を引き取って御寄贈していたのだが、それもなくなった。

たまたま昨年の暮れ、日通総合研究所の信澤喜代司社長と対談した折、この本のことが話題となり、信澤氏が「適当な出版社を斡旋しましょう」とおっしゃってくださった。早速白桃書房から申し出があり、装を新たに再び世に出ることになった。

旧刊の当時は、行革の動きは全然なく、むしろ与野党伯仲時代を迎えて、各野党がいっせいに革新連合政権構想を打ち出して、そのなかにはエネルギー産業公有化が盛られていた。その後の石油危機と、それに伴う大企業批判の高まりは、野党の主張が一見妥当かのようにみえた。

だが、これから電力産業を国営化するのが日本にとってプラスかどうか。それを考える前に、日本の電力産業が昭和十四年から二十六年まで、十二年余にわたって国営化されていた、そのときの貴重な体験をもう一度掘り起こす必要がある。その批判的検討なしに進める議論は、しょせん空論である。おそらく日本人の大半は、電力がかつて国営だったことを知らないか、忘れてしまっている。

ところが日本の学界も、研究者も、日本の電力産業がどうして民営から国家管理に移行したのか。電力国管は成功したのか。戦後どうして民営・分割されなければならなかったのか。その結果はどうか――という興味深いテーマについて、突っ込んだ検討はほとんどなされていない。

日常、目の前に生起する事象をとらえるのを仕事とする新聞記者の私が、慣れない歴史的分析に手を染めることになったのは、やむをえない結果だった。しかし、電力産業の過去を洗ってみて、そこにはらまれている問題点が大きく、かつ今日的であるのに一驚した。そこには、これからの日本の経済体制や企業形態を考えるための尽きせぬデータがあった。

しかも日本発送電という国策会社の誕生と解体をめぐるドラマは壮大であり、そこに登場する多彩な人物の動きの面白さに全く魅せられてしまった。軍部と結んだ革新官僚や政治家、財界人、そして左翼知識人もまじった電力国管を第一幕とするなら、マッカーサー元帥、吉田茂首相がからんだなかで、〝電力の鬼〟松永安左ェ門と最後の日発総裁小坂順造が対決する第二幕は圧巻である。

その頃、私は朝日新聞に国鉄の経営ぶりを分析した「国鉄は生き残れるか」を連載し、これも産業能率大学出版部が本にしてくれた。つまり、財政破綻と労使関係悪化の典型としての公共企業体国鉄と、日本経済の死命を制する基幹産業でありながら、戦後私企業に転換した電力会社を、同時並行的に、一つの目で眺める機会を得た。そこからおのずと国営、民営の是非という問題意識が浮かび上がってくる。

これは正しく行政改革の中心テーマとなった。電力史の勉強が、私に臨調より数年早く問題の所在を教えてくれた。現状の分析にあたるジャーナリストも歴史を知ることが必要なことがわかった。この本は私にとっても教科書である。

再刊は電力新報社の月刊誌『電力新報』（のち『エネルギーフォーラム』に改名）に連載したものを、産業能率大学出版部が出版した旧刊とほぼ同じ内容だが、最後に補章「よみがえる松永イズム」を加えたうえ、一部を手直しした。再刊に協力していただいた信澤日通総合研究所社長と、同所『輸送展望』編集長松下緑氏に厚くお礼を申し上げるとともに、旧刊の電力新報社、産業能率大学出版部のご好意に改めて感謝したい。

昭和五十九年三月

大谷　健

目次

第Ⅲ部　電気事業再編成

第Ⅳ部　九電力体制の確立

写真提供・出典一覧

241頁：共同通信社
5・37・55・62・74・155頁：国立国会図書館
21・236・237頁：『東京電力三十年史』
63・66・191頁：『日本発送電社史　総合編』
91・92・111・140・180・192頁：日本発送電株式会社「記念写真帳」
232頁：『証言の昭和史　7』

※他は、パブリックドメイン下にあるもの、または吉田書店編集部所蔵、編集部撮影（撮影日はキャプション参照）のものを使用した。

第Ⅰ部

電力国家管理への道

第1章　革新のイデオロギー

長崎事件

昭和十二年の一月二十三日、長崎市商工会議所主催の「新興産業と中小商工業について」という座談会が開かれた。主役は翌日行なわれる東邦電力長崎支店の新館落成式に参列のため、当日長崎にきた東邦電力社長松永安左ェ門で、話は商工省が推進していた「産業合理化運動」をこき下ろし、ついには、「産業は民間の諸君の自主発奮と努力にまたねばならぬ。官庁に頼るなどはもってのほかで、官吏は人間のクズである。この考えを改めない限りは、日本の発展は望めない」というところまで発展する。

これは松永の持論であり、官より民を尊しとする彼の師、福沢諭吉の説でもあった。同じことを九州の各地で講演していた。しかし、当日の席で硬骨の若き内務官僚がこれを聞いていた。長崎県事務官、水産課長丸亀秀雄、当時三十二歳。丸亀は「官吏は人間のクズ」という文句は「陛下の忠良な官吏」に対する侮辱であると憤激、すぐ反論しようとしたが、その場は上司の県経済部長に制止される。しかし当夜、明朝にも単独で松永と会い、謝罪を求め、聞かざる時は一発打ち込むつもりでピストルの手入れをしていた時、察知した田中広太郎知事から電話がかかる。「自分が愛知県知事をしていた時、松永を知り、彼の傲慢な性格をよく知っている。人に謝る男ではない。松永と会うのを止めよ。これは命令である」との厳命である。

しかし丸亀はこれを無視し、翌朝、松永を宿泊先に訪ね、詰問しようとした時、松永は、静かに座って開口一番「昨日はたいへん失礼な暴言をはきまして、何とも申し訳ありません。どうぞお許しをお願いします」と、二度にわたって手をつき、額を畳につけて謝った。丸亀は気勢をそがれたが、「全国の官吏を代表する」という気負いから、口先だけでなく、誠意ある謝罪方法の実行を約束させて引き揚げる。

丸亀は「もう、この辺でよいではないか」という知事を突き上げて、同日午前十一時から開かれた東邦電力長崎支店の落成式に知事、控訴院長、検事長、長崎税関長、長崎医大学長、長崎高商校長ら全官吏の欠席を迫る。そして、式場にいる国幣中社諏訪神社の神官に即時引き揚げるよう命令する。式開始十分前のこととて、しぶる神主に「知事命令に違反する時は太政官布告で即日解職する」とおどかした。新聞記者は列席者に官吏が一人もいず、祝詞を読む神官が素人くさいのに感づき、ついにこの「官吏侮辱事件」は全国に報道されるに至る。

謝罪条件は、①松永が知事と部長、丸亀に陳謝する、②全国紙、地方紙の一面に大きな謝罪広告を出す（二十七日付け）、③県が世話していた軍神橘周太中佐を祭る橘神社建設賛助金として五万円を寄付する、ということで手が打たれた。

威張りくさるお役人にペコペコ頭を下げるのは町人時代からの日本の商人のお家芸であった。しかし福沢門下であり、傍若無人という言葉を地で行くような松永、しかも六十三歳の老成した財界人が、彼からいえばクチバシの青い田舎の三十二歳の役人に、これだけ小突きまわされたのは、たしかに異常である。しかし、この異常な事件は、いまから思えば、起こるべくして起きたのである。

この数年は、松永にとって耐えがたい時節であった。前年昭和十一年に二・二六事件が発生、後始末役としてできた広田弘毅内閣は、長崎事件の四日前の一月十九日に電力国家管理法案の国会提出の手続きを完了した。とうとうたる時代の潮流は、自由主義経済から統制経済へ、民間優位から官僚指導へと移り変わっていく。うつうつとした想いが、郷里長崎県の心安い人たちを前に爆発しての官吏批判となったのである。

松永安左ェ門（昭和25年頃）

一方、丸亀もまた政党政治家、彼らをカゲであやつる財閥・資本家に鬱屈した感情を抱いていた。政党政治の全盛時代、政友会と民政党が政権交代し、内閣が交代する度に、内務官僚の首がすげ替えられ、官選知事、各部長、警察部長、各地警察署長が総替えされる。その政党をあやつるものは財界であるという反政党、反財界の心情は二・二六事件で処刑された青年将校と同じであった。丸亀は、不況対策として持ち出される蚕糸業振興、漁業振興策が、常に製糸資本、大手水産会社を太らすだけだと信じ、世の資本家をにくんでいた。その資本家が事もあろうに、われわれをクズとののしったのである。これを黙っておれようか。

松永は福岡で衆議院議員に当選したこともあり、有力政治家に知己が多かった。しかし、いまや政党政治家の発言力は軍部の圧力に押され、とみに勢威を失い、代わって官僚とりわけ軍部と結んだ革新官僚が表面に出る。県知事も県警察部長も、若い課長一人のはね上がりの行動を抑えられぬ。ピストルをみがくという暴力予備行為も黙認される。日本陸軍を覆った若手幕僚の下剋上体制、良き目的のためなら暴力は許されるという風潮——丸亀の松永攻撃はかかる世情に乗って成功したのである。

二つの潮流

東京地方裁判所の思想担当検事斎藤三郎が、昭和十四年に作成した内部資料「右翼思想犯事件の総合的研究」は当時の政治情況を「日本を上下に貫いて分かつ二大潮流」と、次のように総括する。

「三月事件、十月事件、血盟団、五・一五、神兵隊と相次ぐ事件の背後に、現状打破の大きな潮流があり、当時の政界を支配していた政党、特権階級、財閥と対した」

「自由主義に対する日本主義、政治の形式においては政党主義対挙国一致、外交においては国際協調主義に対する積極主義、軍部においては妥協派に対する強硬派」

「現状打破勢力の本隊と認むべきものは、陸海軍部に横流する革新的気流であり、一部有識者の抱く革新機運である。……政界の最上層部を占め、政党・財閥と結ぶ現状維持勢力は憲政常道復帰を図らんとして、斎藤実、岡田啓介内閣を出現せしめ、官界、政界、軍部その他の革新の潮流の駆除に努め、この合法的にして権力を擁する弾圧は着々効を奏しつつあったが、満州事変を契機とする革新的思潮は抑圧することができず、ここに必然的に摩擦を生じ、遂に二・二六事件を爆発せしめるに至った」

松永が殺気を帯びた若い官吏に先手を打って、平謝りの戦法に出たのは賢明だった。なぜなら、みずからを正義とする若手将校、右翼人が、財界人では團琢磨、井上準之助を殺し、浜口雄幸首相、犬養毅首相を殺し、そして二・二六事件では斎藤実内大臣、高橋是清蔵相、渡辺錠太郎陸軍教育総監を殺しているのである。とりわけインフレの激化を恐れ、軍事予算の膨張に反対していた高橋蔵相はピストルを乱射されて絶息したあとも、軍刀で左肩を切られ、右胸を突かれ、腕を切られるなど、文字通り死体をさいなまれたのである。

この憎悪の念は何なのか。にくしみの根源は何か。

それは、やはり昭和二年の鈴木商店の破綻と台湾銀行の取付けから発生した金融恐慌、中小銀行がつぶれ、財閥銀行への預金の集中、世界大恐慌最中の昭和五年の金輸出解禁とそれにともなう激しいデフレ現象——日本経済は打ちひしがれ、あちこちで中小企業は倒れ、失業者は巷にあふれ、農民の娘の身売りが相次ぎ、その中で財閥だけは着々勢いを伸ばした経済情勢に、まず指を屈しなければならないだろう。

第一次世界大戦後の経済運営について日本だけが拙劣だったわけではない。各国とも苦悩の末、昭和八年ドイツにヒトラー内閣が生まれ、同年米国でルーズベルト大統領がニューディール政策を打ち出した。十一年にスペインに内乱が発生、あげくの果ては、十四年に第二次世界大戦に突入しなければならなかったのである。

それにしても、日本の支配階級はあまりに無策だった。しかも無策の上に、民衆の苦しみをよそに、ひとり投機でもうけるという財閥の〝悪どい商法〟に道徳的批判が高まる。それが、いわゆる「三井のドル買い事件」である。

民政党の井上蔵相の金解禁は明らかに失敗だった。英国が昭和六年、ふたたび金本位制を停止するに及んで、日本では円売り、ドル買い熱が高まり、金輸出解禁の下では正貨が激しく流出する。すぐ再禁止すればよいのだが、それでは民政党が責任を取らねばならぬので、井上蔵相はあくまで頑張る。そしてドル買いを防ぐために「国策に反し、大日本帝国の円を売り、ドルを買う売国的行為」への道徳的批判という戦術でドル買いを防ごうとした。だが結局、支え切れず、六年十二月、井上に代わった高橋蔵相の下で金輸出は再禁止される。

しかし、経済行為に〝国賊〟とか〝非国民〟といった倫理的批判を持ち込んだことは、後々まで人心に深い傷あとを残した。ドル買いした大手は住友、三井、三菱の各銀行、三井物産なのだが、とくに三井と三井銀行筆頭常務池田成彬（いけだしげあき）が目の敵にされた。財閥銀行に集中した資金を消化するため、ポンド債を買っていたのだが、ポンドの下落で為替差損が生じる。それをカバーするための、銀行家としては当然の取引と、ドル買いを経済合理性にもとづいて弁解してみても、庶民にはシラジラしく聞こえるだけだった。

昭和五年一月から六月まで、東京朝日新聞に連載されたプロレタリア作家細田民樹の小説『真理の春』の中に、室井コンツェルン生野斎信の名で、三井の池田成彬がモルガン財閥の代表から金を引き出すため、新橋の料亭でゲイシャ・パーティを開くシーンがある。そして、生野の意を汲む藤永又左ェ門なる人物が出て、〝白粉の労働者〟である芸者を米国のブルジョアに取り持つ。いうまでもなく松永がモデルである。作者細田はある日突然、陸軍参謀本部の若手将校に銀座のサロン「春」に連れ出された。そこに八、九人の軍人がいて、一人は「日本の大衆や農民に、資本主義の悪を教えてくださってありがたい」と、涙を流して、この左翼作家に感謝したという。

〝不潔〟な政界、財界に比べ、現状刷新に身を捧げる革新将校、右翼青年はいかにも清潔にみえた。暗殺犯に同情の声が多かった。検事ですら、彼らを特別扱いにした。それに満州事変以後の軍需の増大は生産を刺激し、極端な不況下に苦しんだ国民のふところを少しずつ暖かくしていた。腐敗した政・財界に比べ、乱暴な軍部の方がまだマシのように思われた。

人びとは五・一五事件（昭和七年）の被告で、犬養首相をピストルで射ち殺しながら、禁錮十五年の軽い判決ですんだ三上卓海軍中尉の作詩する「昭和維新の歌」に聞きほれ、血気さかんな人はこれに唱和した。

権門上におごれども　国を憂うる誠なし

財閥富を誇れども　社稷（しゃしょく）を思う心なし
歌の最後は、彼らの決意を端的に語る。
やめよ離騒の一悲曲　悲歌慷慨の日は去りぬ
我らの剣今こそは　廓清の血に躍るなり

しかし、二・二六事件で流した血の、あまりにもおびただしいことに国民は軍への恐怖と怒りを覚えた。まず第一に、昭和天皇は「朕が股肱の臣」を殺した青年将校に憤激された。軍は自粛しなければならなかった。事実、多くの将軍と将校は退役させられ、軍紀の粛正は進んだ。だが、軍は「深く自省はするが、青年将校を駆ってここに至らしめたる国家の現状は大いに是正を要する」と開き直り、軍紀の粛正をする代わりに国政の一新、軍備の拡充を要求した。つまり一歩後退二歩前進を策し、結局、それに成功した。また軍は非合法クーデターよりも、合法的手段による要求貫徹が得策とさとった。そのためには軍が一致する必要があり、軍統一の邪魔になる皇道派を切り捨てた。皇道派は、二・二六事件に深入りしすぎていた。したがって、粛軍は軍それ自体にとって、かえってプラスだったといえるだろう。

ヒトラーがミュンヘン一揆の失敗にこりて、議会を通じての合法的政権獲得方式に転換したこと、ナチス統一の邪魔になる突撃隊（ＳＡ）の幹部を粛清したこと、と一脈相通ずるものがある。

二・二六事件後、首相となった広田弘毅の伝記、城山三郎の『落日燃ゆ』は広く読まれている。極力軍部の圧力に抗しながら、それにもかかわらず極東軍事裁判で文官唯一人、絞首刑に処せられた悲劇的生涯は感動的である。しかし、広田内閣は軍部の二歩前進作戦の足がかりをつくり、軍の国政専断を確固たるものとした歴史的責任を負うべきである。高橋是清のように軍に抗して軍人に暗殺されるのと、広田のように軍部の要求を容認したことの責任を問われて絞首刑に処せられるのと、どちらの途が正しいのか。いずれにしろ、当時の政治家は文字通り命がけだった。

ここで広田内閣を持ち出したのは、電力国管が正式の法案となったのは同内閣の手によってであるからである。軍部の要求する国政一新の線に乗って昭和十一年八月に七大国策十四項目が決定、その一項目で「電力の統制強化」がうたわれ、それを具体化した電力国家管理法案など関連五法案が翌十二年一月に閣議決定となり、衆議院への提出手続きを完了した。

かさにかかった軍部は、さらに「国運の進展ならびに議会の現状にかんがみ、議会法、選挙法を改正し議会を刷新せよ」との要求をかかげた。議会人も弱虫ばかりではなかった。十二年一月二十一日に政友会の浜田国松代議士は、ひな壇の寺内寿一陸相をにらみつけながら、勇気ある反軍演説をぶった。

「近来、軍部が軍民一致の体制によって強力内閣を組織し、その道程において政党の改造と憲政の常道論の排撃とを企図していると政界の一部でいわれているが、さような議論はまことに危険である」

寺内は反論した。「軍人に対し、いささか侮辱されるような感じのするお言葉がある」

浜田「どこが侮辱されているか。私のいかなる言辞が軍を侮辱したか。事実をあげなさい」
寺内「侮辱するがごとく聞こえる」
浜田「侮辱したと最初にいって、今度は、侮辱にあたるような疑いがあるとトボケる。速記録を調べて、僕が軍隊を侮辱した言葉があったら、割腹して君に謝する。なかったら、君、割腹せよ」
寺内は答弁に窮する。いわゆる「腹切り問答」である。公開討論に負けた陸軍は、腹いせに内閣に国会解散を要求するが、広田首相は、さすがにこれには応じられず、内閣総辞職となる。そのあおりで電力国管法案が流れる。
しかし、浜田代議士の抵抗も空しかったと同様、電力国管法案も、ついに昭和十三年に成立する。二つの潮流のうち、保守（自由主義）は完全には打ちのめされないものの、ついに革新に圧倒されたのである。

日本経済の再編成

二・二六事件の青年将校は、実力行使のあとの日本再建の方策を持っていたのか。彼らは、それを考えることは天皇の大権を私議することであり、すべては「大御心による」との信念だった。だが肝心の「大御心」は、事件発生直後から、断固として彼らを叛徒とみなされた。これで革命が成功するはずがあろうか。青年将校の悲劇の根源はここにある。

破壊のみを目的とした青年将校を排除し、国政の指導権を完全に掌握した軍部主流は、具体的な政策を持たねばならなかった。とりわけ軍部は、経済が近代戦の重要な要素であり、近代戦とは経済を中心とする総力戦に他ならないことを痛感していた。

すでに、昭和九年の十月に広く国民に配布された陸軍省新聞班のパンフレット『国防の本義と其強化の提唱』の中で「国民生活を維持向上せしめつつ、真に必要なる国防力を充実せんがためには、膨大な経費を要し、右の負担に堪え得る如き経済機構の整備は、現在の如き非常時局においては当然考慮せらるべき」として、高度国防国家体制への転換を呼びかけている。

財政家として軍部の要求に反対した高橋蔵相が殺されたあとは、大蔵省の抵抗もやんだ。しかし経済統制の強化にもかかわらず、大衆の消費抑制にもかかわらず、ふくれあがる軍事予算は、結局、日銀券の印刷のスピードを早めることでしか、まかなえなかった。かくては悪性インフレが発生する。これを抑えるには、さらに強力な経済統制が必要となる。

國防の本義と其強化の提唱

一、國防觀念の再檢討

たたかひと「國防」の意義、國防觀念の變遷――軍事的國防觀、總動員的國防觀、近代的國防觀――國防絶對性、相對性、國防力發動の形式――靜的發動、動的發動、國防の自主

たたかひの意義

たたかひは創造の父、文化の母である。試煉の個人に於ける、競爭の國家に於ける、齊しく夫々の生命の生成發展、文化創造の動機であり刺戟である。

茲に謂ふたたかひは人々相剋し、國々相食む、容赦なき兇兵乃至暴殄ではない。

此の意味のたたかひは覇道、野望に伴ふ必然の歸結であり、萬有に生命を認め、其の限りなき生成化育に參じ、發展向上に與ることを天與の使命と確信する我が民族、我が國家の斷じて取らぬ所である。

國防觀念の再檢討　一

『国防の本義と其強化の提唱』1頁

元砲兵大佐で実業家、右翼運動家の小林順一郎は軍の経済思想を代弁する。「日本では紙幣を増発してもインフレにならない。なぜなら日本には皇室がある。皇室に対する尊崇の念があるかぎり、インフレは

起きない」というのである。だが、かかる神がかり的精神論では、近代国家の経済は少しも動かぬ、という事実を軍部も認めざるをえなくなる。

幸いにも、日本と同じ悩みをうまく乗り切っているかにみえるお手本があった。ヒトラーの「ファッショ的統制経済」の進展であり、スターリンのソ連第二次五ヵ年計画の成功である。この左右両翼の全体主義的経済の実験は、外からは魅力的にみえた。

軍部は反共であり、ソ連は満州と日本に国境を接する仮想敵国である。そして五ヵ年計画の成功で、満蒙国境沿いに極東赤軍の重武装化は着々と進んで、ついには日本を上回り、しかも、その差を広げる一方である。そのソ連を恐れるが故に、かくも極東軍を強化したソ連の社会主義経済（統制化と重工業化）に、敬意を表せざるをえなくなったのである。

日産コンツェルンの創始者鮎川義介は昭和十二年に関東軍嘱託を命じられ、関東軍参謀副長の石原莞爾から「満州産業開発五ヵ年計画」をみせられ、その良否を検討してくれと頼まれる。なかなか立派な作文であり、とてもよく書けてある。聞くと、その計画は満鉄調査部の宮崎正義が作成したもので、ひな型はソ連の国家計画委員会（ゴスプラン）の研究に則して青写真を描いたという。

また相次いで出る経済統制の法律はナチスの翻訳が多く、たとえば、昭和十三年についに成立した電力国管法のうたい文句「豊富低廉な電力の円滑な供給」は、ナチスの「電気ガス事業法」とそっくりなのである。

何でも思うことを押し通す軍部も、さすがに複雑微妙な経済の改革には独力で立ち向かえなかった。しかし、政策立案ならびに実施面での協力者が現われる。すでに紹介した革新官僚である。軍部の革新幕僚と結び、軍部の痛撃に一歩後退した政党政治家、実業家およびそれらと結んでいた上層官僚に取って代わろうとする。大蔵省の迫水久常（さこみずひさつね）、商工省の岸信介、椎名悦三郎がその大ボスであり、電力国管劇の花形スターの奥村喜和男、大和田悌二（おおわだていじ）も逓信省を代表する革新派であった。

彼らの革新思想は、腐敗堕落した政・財界改革の憂国の念から出たものであろう。しかし一面で世の風潮に乗り、軍部を利用し、その力を借りることによってみずからの地位を高めることができたこともまた事実である。彼らは正義を唱えながら、かつ栄達できた幸福な人たちであった。国の総合政策、基本政策を立案する内閣調査局が企画庁に改組され、それが拡充強化されて、昭和十二年十月に企画院に昇格する。ここは、やがて〝革新官僚の巣〟と称されることになる。

朝日新聞論説委員笠信太郎（りゅうしんたろう）が昭和十四年に中央公論社から発行した『日本経済の再編成』は、固い内容にもかかわらずベストセラーになった。近衛文麿公に近い国策立案の機関である昭和研究会での研究の成果であった。当時、この本を読んだ人の感想は「もやもやしたものがはっきりした」というものであった。今読むと、検閲に遠慮して表現、論旨とも屈折が多く、読みづらいのだが、当時の人びとには、そうではなかったらしい。

革新将校が権力を握り、革新官僚が政策を立案するのだが、何か一本筋が通らない感じである。経済統制化は歴史の必然の流れだという意味づけ、理論的合理化がほしかったのである。笠の『日本経済の再編成』はまさしく、この渇望に応えるものであり、とりわけ企画院にたむろする革新官僚の歓迎するところであった。

この本の骨子は、物資の流れを規制するだけの官僚統制を批判する。そうでなくて、自主性にもとづくまったく新しい型の統制を提唱する。つまり、物でなくて利潤を統制せよ、というのである。

生産力拡充のために基礎資材が必要だが、日本は資源に乏しく、大きな部分を輸入に仰がざるをえない。その見返りに輸出を促進しなければならないが、それにはコスト切下げ、ひいては労賃引下げを迫られる。だが労賃を引き下げるには、物価を下げなければならぬ。そのためには、利潤を抑制しなければならぬという論法である。

基本的には企業の経理を公開させ、株式の配当率を固定化することによって株式を社債化する。これで資本と経営の分離が促進され、資本から独立した新しい経営者が、利潤追求の原理とは違った、生産力発展の見地に立って経営を進めるというのである。これは、ある意味で戦後、日本における資本と経営の分離、経営者優位の体制を予言するものである。

しかし、笠と同じ類いの議論を、一方でファシストが、一方でマルキストが展開する。ヒトラーの経済理論家は、「ドイツでは利潤動機が権力動機に取って代わられる。市場がなくなり市場法則もない。価格はあまねく使用価値であって、もはや交換価値ではない。この社会を動かすのは経済法則でなく、力であり、この力を行使するのは（資本家でなく）産業経営者、ナチ党官僚、高級官吏、国防軍将校である」という。

ドイツ社会民主党の理論家ルドルフ・ヒルファーディングは、ソ連経済について「政府管理経済というのは、経済諸法則の自律性を廃棄することに他ならぬ。それは市場経済ではなく、使用のための経済である。何が生産されるか、いかに生産するかを決定するのは、価格でなく国家の計画委員会である」と解説する。

いずれも利潤、交換価値を否定し、生産力と使用価値を重視する点で共通している。したがって、笠理論は、財界筋から「アカ」という非難を受けることになる。財界だけではない。統制の進展とともに企業整備、廃業を迫られる中小企業にとって、統制是認の理論は承服しかねた。

青森市翼賛壮年団長で石炭問屋を営む佐々木義満は、石炭共販会社の設立で打撃を受ける。その憤懣の情を笠に私信で寄せる。「国家自身が私有財産を否定して行くかにみえる法令が、国策に順応する合理性をもってのみ国民が受け入れ得るうちはよろしいが、その情容赦もなき無慈悲きわまる一面にのみ憤慨が集中される時は、実に寒心に堪えざるものがある」「恐るべきは一片の法令をもって、米の値段を上げるも下げるも、煙突の煙を止め、機械のベルトを外すことも必ずこれをなしうるにおいては、官僚の心に知らず知らずのうちに共産主義的、社会主義的興味が生ずるの恐れなきは保し難い」

笠は返信で、「経済統制の必要は、その前提の戦時経済を許す限り問題はありえない」と答える。当時は、まさか「戦時経済を許さない」といえるものでない。佐々木は、もう黙らざるをえない。笠は、さらに「利を追う自由の組織こそ資本と労働の対立を鋭くし、危険思想をかもし出す」として、

「今の統制は戦争遂行中の一時に止めえない」「これこそ歴史のもたらそうとする一つの必然の過程」と止めを刺す。

笠の議論は戦争と軍部の圧力の下、それを逆手にとって経済の社会化を促進し、資本主義の悪弊を除去しようという戦略だったが、それは成功せず、逆に戦時統制経済の合理化に利用された。かくて、日本経済再編成の大波は情容赦もなく、真正面から電力産業に襲いかかることになる。

参考文献

▽丸亀秀雄「長崎事件の思い出」(『松永安左ェ門翁の憶い出』＝以下『憶い出』と略＝中巻、電力中央研究所、昭和四十八年)▽司法省刑事局「右翼思想犯事件の総合的研究」(『現代史資料(4)国家主義運動(一)』みすず書房、昭和三十八年)▽池田成彬『財界回顧』世界の日本社、昭和二十四年▽細田民樹『真理の春』中央公論社、昭和五年▽今井清一「恐慌下の政治思想」(『近代日本政治思想史Ⅱ』有斐閣、昭和四十五年)▽高橋正衛『二・二六事件』中公新書、昭和四十年▽陸軍省新聞班「国防の本義と其強化の提唱」(『現代史資料(5)国家主義運動(二)』みすず書房、昭和三十九年)▽昭和同人会『昭和研究会』経済往来社、昭和四十三年▽『財界回想録』＝以下『回想録』と略＝上巻、日本工業倶楽部、昭和四十二年、鮎川義介の項▽笠信太郎『日本経済の再編成』中央公論社、昭和十四年▽フランツ・ノイマン『ビヒモス』岡本友孝ら訳、みすず書房、昭和三十八年

第2章　押し寄せる波

自由競争

日本での電気事業企業化の歴史は意外に古い。東京電燈会社が設立されたのは明治十六年（一八八三年）、英米に遅れることわずか二年である。もっとも、火力発電所をつくって実際に電灯供給を始めたのは二十年十一月だが、それにしても海のものとも山のものともわからぬ新しい産業にすぐにとびついた日本の資本家と技術者の果敢さに驚くほかはない。

しかし、電灯料金はきわめて高く、使うのは文明開化の推進者の官庁や会社などに限られた。他には高い電灯料金を支払えるだけの高利潤に恵まれ、しかも需要家が固まり、夜遅くまで使ってくれるのは花柳界、遊廓だけであった。

その後の水力発電の発展につれて、需要先を開拓する必要が高まると、まずここに目がつけられる。東邦電力理事だった林将治は、「この町に芸者が何人いるか、それでは電燈の数は何燈か、という問答を昔はやったものだ。〝水力は粋力に通ず〟というシャレさえあった」と語っている（そういえば、木曽川を開発した福沢桃介や松永など電力業界の建設者に粋人が多かった）。

日本の政府と官僚は昔から世話好きである。殖産興業の音頭をとり、官営工場をつくって実験台となり、それを安く民間に払い下げるなど、手取り足取り民間を指導する。たとえば明治五年に新橋―横浜間に官営鉄道が開業したのを皮切りに、東海道線など国による鉄道の建設が進むが、これにあき足りず、明治三十九年に鉄道国有法が施行され、私鉄の買収を推進する。また、日清戦争で獲得した賠償金五百万円にもとづいて、官設の八幡製鉄所が明治二十九年に発足、三十四年から操業を始めた。

だが、電気産業だけはなぜか放っておかれた。会社設立を知事に願い出ると「聞き置く」「人民の相対に任す」、つまりお前たちで勝手にせよ、という文面で許可された。ただ漏電など保安上の必要から、県庁、警察がそれぞれ取り締まっていただけで、電気事業の所管官庁が商工省ではなく、逓信省に決まったのは明治二十四年、全国統一の電気事業取締規則ができたのは二十九年。次いで四十四年に電気事業法が制定されたが、美濃部達吉博士は、「電気事業法ハ電気事業ヲ以テ公益事業トナスノ主義ヲ取ラズ電気事業ノ免許ハ現行法ノ下ニ於テハ唯警察許可ニ止マルガ如シ」と評した。

しかし、電気産業は政府や官僚が評価したより、ずっと大きな存在となる。とりわけ大正三年に始まった第一次世界大戦は、日本の資本主義発展の大きな節となり、この発展のエネルギー源として電力が浮かび上がる。明治四十一年に工場の電動機使用率は一三・二%に止まり、蒸気機関が七〇・八%だったのが、大正四年は三一・七%対三五・四%となり、同六年には五一・三%対二〇・一%と完全に逆転する。

大水力開発の端緒となった猪苗代発電所。大正４年３月、猪苗代―東京間に11万5000Vの長距離送電開始。

電灯供給事業から始まった電気産業は、大正五年までは電灯需要が電力需要を上回っていたのが、翌六年、電灯十七万三千キロワットに対し、電力が二十三万五千キロワットと追い抜いてしまう。

これに応じて猪苗代湖、木曽川などの大規模水力発電の開発が、消費地では大型火力発電所の建設が相次ぎ、発電地と消費地を結ぶ高圧送電網が広がっていく。それが次第に京浜、阪神、中京、北九州の四地区に集中し、ここに日本の四大工業地帯が形成される。

この電気産業発展の過程は、発電所、配送電網大型化の過程であり、群小企業が有力企業に吸収される過程でもある。しかも、それは民間企業同士の血で血を洗う、激しい自由競争によって行なわれたのである。

若い読者には理解できないかもしれぬが、昔は需要家は好みの電気会社から電気を買っていたのである。だから、電気会社の営業マンは、新聞や牛乳販売店と同じように顧客拡張に努め、出先での対立は暴力事件にまでエスカレートした例もあった。

とりわけ大消費地東京をめぐる競争は激烈だった。関東大震災のあと、家が建つと、待ち構えていた某社が内線を引く。すると、他社が配電線をこれにつないで送電する。怒った某社が配電線を引きちぎって自社のをつなぐと、他社は器物損壊で訴え、刑事事件となる。気の弱い需要家は断り切れず、表からはA社の、裏口からはB社の配電を受ける。

電力業界は次第に東京電燈、東邦電力、大同電力、宇治川電気、日本電力の五社に統合されるようになったが、競争の激しさはいっそうはなはだしくなるばかり。しかもそれが値下げ競争に発展し、激戦地では採算を無視したダンピング価格となった。さらに敵方のお得意先を切り崩すため、逆に札束をばらまく有様である。しかも、一方で競争のない農村地帯などは高い価格が据え置かれる。今の言葉でいえば「過当競争」の弊が目に余るようになった。

自由競争はまた政友、民政両党の政争に巻きこまれる。水力発電所の水利権、電灯電力の供給区域の許可は時の政権を握った政党に近い電力会社に与えられる。とくに過当競争の原因である供給区域の重複許可が、政争によって乱発される。

東邦電力が系列の東京電力を使って東京電燈の地盤にくいこみを図った報復手段として、東京電燈は東邦電力のおひざもと愛知、三重への進出をもくろむ。しかし、この申請は、昭和二年四月に若槻礼次郎憲政会（のちの民政党）内閣の安達謙蔵逓相によって却下されるが、その直後この内閣が金融恐慌を抑え切れずに倒れ、田中義一政友会内閣が成立するや、久原房之助逓相は同年十二月にこれを許可する。東京電燈は政友会の有力なスポンサーであり、同社の若尾璋八社長自身が政友会総務であった。かくて、政友会対民政党の対立が東京電燈対東邦電力の対立を激化させる。

若尾社長が、そのあまりに乱脈な経営の責任を問われ、三井銀行の池田成彬ら金融資本家の圧力で追われ、あとしばらくして小林一三が社長になる。だから小林は業界乱脈の故に国家管理を主張する逓信省に反論する。

「電力の統制を乱した責任者は、実はいかんながら逓信省当局である。内閣の変わる度にイイ加減な利権政治をやって、電力事業の信用を落した実例をここに列挙するのは、いかにもお気の毒だからいわないが、電力事業は政府当局の乱暴な処置によって乱れたのであって、自身がすき好んで乱したものでない」

だれが悪かったかはともかくとして、電力業界の自由競争は世人に乱脈と腐敗の印象を与えることになった。

電力会社自体も、身をすり減らす競争に倦むようになる。電力会社に多額の融資をしている銀行も、債権保全の必要上共倒れになるような競争は止めるべきだと考える。そこで各務鎌吉（三菱）、池田成彬（三井）、結城豊太郎（興銀）ら金融界首脳が肝煎りとなり、大橋八郎逓信次官の立会いで昭和七年四月、五大電力会社がカルテル「電力連盟」を結成し、、既契約需要家の尊重、二重設備の中止、重複供給区域の整理、紛争が生じた時に各務、池田ら金融界の顧問の裁定に服することを約束する。つまり休戦協定を結んだのである。

これと歩調を合わせて逓信省は電気事業法を大改正し、同年十二月に施行する。同法はこれでやっと電気事業を公益事業に認知するとともに、業界統制へ一歩ふみ出す。料金認可制が採用され、供給義務が明文化されるなど、今日の電力会社と同じ制限が課せられる。また電力会社の合併に国の認可が必要となり、国および地方公共団体の買収権が認められる。この条文は国営化の伏線となる。法改正と同時に、逓信省は供給区域の地域独占の方針をとるようになる。

電力業界は逓信省の統制強化が、自主統制つまり独占資本のカルテル化に役立つことをさとる。そして一方で軍需産業を中心とする需要の増加で、過剰だった電力の需給関係は堅調となる。安売りが解消し、販売量がふえれば電力業はもうかるようになる。電力業は多年の努力が実って、ようやく果実をつみ取る時期に入ったのである。

もし戦争がなかったら、どうだったろう。東邦電力は大正十一年に社長直属の臨時調査部を設け、部長に当時の松永副社長が就任する。就任の弁で「電力事業の目的は公衆の福祉増進にあり」「電力事業は科学的に経営せらるべきである」と語る。

電力事業の公益性の自覚は、今流行の「企業の社会的責任論」に通ずるものがあり、すでに同社は大正十二年に、現在の広報室に当たるパブリシチー・ビューローを調査部内に設けＰＲ活動を始めている。また、昭和四年に名古屋市広小路に電気普及館を設けた。昭和十一年に新興産業部と東邦産業研究所を設け、前者は中小企業および農山漁村の電化促進の補助を行なった。

一方、松永の提唱で大正十二年に農事電化協会（清浦奎吾総裁）、翌年には家庭電気普及会（後藤新平会長）が設立される。すでにラジオ、電熱器、扇風機、アイロン、電気こんろ、あんかなど家庭電器の普及がある程度進んでいた。

もしも日本経済が戦争に巻きこまれることなく、平和のなかで順調に発展していたら、カルテルで収益が安定した電力産業は、徐々に電力の平和的利用を広げながら、その社会的責任を果たすまでに成長していたかもしれない。ともあれ電力会社は、これまでにない経営安定期に入り、このままの状態を続けたかったのである。

孤立無援

電気産業は私企業として発展したが、電力自体の経済的・社会的重要性、水力発電の水利権、送配電線と土地所有権との関連等々、もともと公共性が高い産業である。したがって、早くからいろいろの社会的批判にさらされた。

それは、まず県や市による公有公営化の要求である。電気料金が高すぎるという住民の不満、これに地方政治の政争がからんで、事ある度にこれが持ち出される。さらに電気事業公営による財源確保の期待もあった。業者はこれをなだめるため、県や市に何がしかの献金をする途を選んだ。

大阪市は明治三十九年に大阪電燈と、名古屋市は明治四十一年に名古屋電燈と報償契約を結んだが、名古屋の場合を例にとると、名古屋電燈は「各決算期に純益金の百分の四に相当する金額を市に納付すべき」ことになっていた。

報償契約は全国に広がった。業者がこれに応じないと、高い電柱税をかけられたり、競争会社の設立認可などで報復されるのである。

しかし、それでも公営化は広まった。ただ地域独占の考え方がなかった時代だから、それは競争会社がふえ、かえって自由競争が激化することを意味する。たとえば、東京市は明治三十三年に一般電灯電力の供給権を獲得、四十年四月に開業し、四十四年東京鉄道の電灯電力事業を買収して一大電気事業者に発展し、東京電燈、日本電燈と猛烈な競争を演じた。世にこれを「三電競争」と称した。

だが、公営は県や市の区域外には伸びず、したがって広域化、大規模化たりえない。公営は業者をふやすだけであり、私企業への牽制にはなっても、国営化への足がかりにはならなかった。

業者にとって、公営化よりもっと恐ろしいのは電気料金値下げ運動である。それは県会や市会の政治ボスをなだめるだけではすまず、社会的な広がりをもつものであった。値下げ運動の歴史は古いが、大きな問題となってきたのは、やはり景気低迷の大正末期から昭和一ケタの時期である。

大正十四年四月に実施された普通選挙は大衆の参政権を広げたが、電気料金引き下げは、大衆受けのする選挙公約だった。昭和二年の夏、富山県滑川町で値下げを要求する「電灯争議」が発生する。大正七年、同じ富山県の魚津町で発生した米騒動が、またたく間に全国に広がったと同様、電灯争議も全国に波及した。

小作貧農の農民運動が活発だった新潟県では、昭和五年五月に県下無産政党各派が長岡市に会合し、電気料金値下げを共同闘争の目標にすることを決めた。そして電気料金三割値下げのスローガンをかかげ、これに応じて、県下各地で料金不払い同盟、廃燈同盟が結成され、おかげで新潟電力の昭和五年下期の営業未収額は五十万円にのぼった。

不況で売上げの減った小売り商店も、街灯料金値下げに立ち上がった。東京商店会連盟は昭和八年九月、東京電燈に対し、公益性のある街灯料金を三割値下げするよう要求した。

電灯料金にとどまらず、電力料金値下げの要求も強かった。不況にあえぐ中小企業だけでなく、大企業も値下げを迫った。日本発送電総裁、東京電力会長を務めた新井章治の伝記の中で、彼が東京電燈の営業部長時代、南葛同志会という大口需要家の集まりと料金をめぐっていかに対立したか、東武鉄道の根津嘉一郎や西武鉄道の堤康次郎など名うての経営者に値下げをいかに要求されたか、あげくは海軍が横須賀海軍工廠の電力料金値下げ要求を突きつけ、これを突っぱねると、閣議の席で、海軍大臣が逓信大臣に、「東電はけしからぬ。暴利をむさぼっている。厳重に取り締まってもらわねばならぬ」と文句をいったという話が記されてある。

かくも広範な電気料金値下げ運動は、大衆や産業界に、国営化のスローガン「豊富低廉な電力」を受け入れやすくする素地をつくった。

米国のルーズベルト大統領は昭和八年にＴＶＡ計画を提唱し、テネシー渓谷公社（ＴＶＡ）を設立した。不況対策として公共事業をおこして、ダムと発電所をつくり、地域の人に安い電力を提供して開発を促進しようというものである。極貧地帯の救済とともに、電力資本を牽制して電気料金を下げさせようというねらいもあった。

そして日本でも、まったく同じ目的で、国策会社「東北興業株式会社」「東北振興電力株式会社」が、十一年に設立された。二・二六事件の戒厳令がまだ解除されない五月一日に召集された第六十九議会に提案、すぐ可決されたのである。

恐慌は、もっとも弱い層を直撃するとともに、もっとも貧しい地域をも直撃する。テネシー渓谷の農民が農業恐慌に打ちひしがれていた時、東北の農民も冷害と凶作で飢えていた。

岩手の小学校女教師西塔子は、次のように歌っている。

凶作に衣のうすきに震えいる　子らには悲しこの校舎はも
みちのくの寒さきわまるこの朝を　足袋をうがたぬ子らあまたあり
長雨はいまだも晴れず今日もまた　村の幼子病みて死せりと

教え子が栄養失調でたおれるのを見守りつつ、悲しい歌をつくっていたこの女教師も、昭和十一年に三十五歳で死んだ。

〝東北を救え〟と新聞が書き立てた。二・二六事件の青年将校は、東北農民出身の兵士の家庭の、あまりな悲惨さに行動への決意を固めたという。そして事件の年に、事件の衝撃で東北振興の二会社が発足したのである。

東北振興電力は五年間に発電所十一カ所、十三万キロワット、送電線八百六十キロメートルを建設した。当時の東北六県の発受電実績十九万キロワットに比べ大きな計画であり、需要開拓のため工場誘致が行なわれ、ある程度それが成功した。また送電網の整備で、東北の群小地場電気会社が連繫し、電力を互いに融通する体制ができた。

東北振興電力は恐慌対策、地域開発、農村救済の社会政策を、電力を通じて実施しようという試みで、もちろん逓信省の革新官僚たちも協力した。そこには、電力国営のモデルケースというねらいもあった。

電力会社は大消費地のために猪苗代湖など東北の水資源を利用しながら、東北の経済開発に何ら興味を持たなかった。競争の激しい大消費地では電気料金をダンピングしながら、競争が少ない農村の電気料金は割高だった。国策会社がつけ入るスキはここにあった。そして農村救済としての農村電気料金の低廉化が、電力国営推進のスローガンにされるのである。

当初、国は電気産業に大きな関心を示さなかったが、財閥もまた自分で乗り出す気はなかった。危険が多く、利益率は低いとみたのである。福沢桃介、松永ら産業資本家が独力で手がけたが、電源開発が大規模化するにつれて、巨大な資金、しかも長時間寝なければならぬ資金が必要となる。とても事業家個人でまかなえぬとすれば、財閥系銀行に頼らざるをえない。

電気事業における資本金に対する外部負債（社債および借入金）の比率は明治三十六年には七・五％に過ぎなかったのが、大正十五年に五〇％、昭和四年には七〇％を超えた。こうして電気事業に対す

福沢桃介

る金融資本の支配力は次第に強化される。

多額の社債を引き受け、多額の融資をしている大銀行は、不況と料金ダンピングで経営が悪化した電力会社に不安を抱き、しきりに経営、人事に介入するようになる。たとえば、三井銀行が東京電燈の若尾社長を引退させ、郷誠之助を社長、小林一三を副社長にする。それと同時に、配当を年一割四分から一気に四分に減配させた。電力連盟は電力五社が銀行管理に入ったようなもので、五社間の紛争は銀行家の否応もない裁定に任された。

後年、松永翁は新聞記者にこう述懐している。「どうも君、事業をすると、みんな銀行に取られる。芸者買いをするとみんな役者に取られてしまうようにね」

しかも、金融資本家たちは資金の回転が遅い上に利益率の低い電気産業から資本を回収することに、あながち反対ではなかった。豊富低廉な電力を供給していくには、これからも巨額の資金が必要である。国営化すれば、それは国が面倒をみてくれる。それよりも、新たに興りつつある高利潤の軍需産業にでも投資する方がましだ、と考えるようになる。

財閥の〝転向〟がいわれ、池田成彬、結城豊太郎ら金融界の首脳は、軍部と財閥の関係改善に努め、それは「軍財抱合」と称せられた。したがって、電気産業国営化にかならずしも反対ではなかった。

産業界も、もし豊富低廉な電力という公約を果たしてくれるのなら、国営に反対ではなかった。いな、電力会社の中にも、国営に任せた方が楽だという考えがないでもなかった。

こうして電気産業国営化は、単に革新将校や革新官僚のみの賛成にとどまらなくなった。大衆、商工業者、農民から、電気業者が味方と頼むべき産業界、金融資本家まで、消極的か積極的かの違いがあっても、国営賛成に傾きつつあったのである。

いつの間にか、電気産業は孤立無援、四面楚歌の状態に追い込まれていた。そうなった責任の一端は、やはり電力会社自体が負うべきであろう。

国営論の形成

逓信省の花形革新官僚であり、電力国管の実質上の推進者であった奥村喜和男は、安藤良雄東大教授編の『昭和経済史への証言』で、「松永安左ェ門さんのごときは、世間の想像と異なり、五大電力の社長中、真っ先に賛意を表され、私を随分激励され、またひそかに貴重な参考資料を利用させていただきました」と語っている。

たしかに、松永は昭和三年に「電力統制私見」を発表し、過剰電力、二重投資、過当競争による原価以下の販売という「不統制」の害を指摘し、業界統制の必要を論じている。

しかし松永のいう統制とは、生産と消費が同一時に発生し、日本の南端から北端を一瞬で流通する電力という商品の特異性に着目し、これをもっとも経済的、合理的に、しかも一元的に利用しようというもので、そのための方法は業界の自主調整による。手段として国営、あるいは官僚統制によろうとする奥村とはここで違ってくる。

当時、欧米では工業用動力の王座にのし上がった電気エネルギーを、確実、敏速、豊富に、しかも経済的に供給する必要に迫られ、米国では超電力連系（スーパー・パワー・システム）が計画され、英国では送電網計画（グリッド・システム）が実施された。いずれも個々の企業の範囲を超えた国家的大発送電網をつくろうというもの。英国はこれが電力卸売りの国営という形をとり、のちの電力国有化の布石となる。だが、米国は戦前ついに実現せず、第二次世界大戦後にやっと日の目を見る。

松永は米国の超電力連系計画につとに注目し、東邦電力調査部で計画の報告書を入手して翻訳し、昭和二年に刊行した。この翻訳の序文で、松永は超電力連系の日本版たる大構想をぶち上げる。

「本書の論ずるところを、わが国に応用したる場合を想像するに、まず京浜、名古屋及び京阪神を連ぬる大送電線を建設し、これに東においては福島、群馬、長野、新潟の水力を、中部においては富山、岐阜、愛知、静岡、福井の諸川を結び、かつ常磐炭田と北海炭、九州炭、海外炭の利用に便な東京湾、伊勢湾、大阪湾に三万五千キロワット以上を一単位とする火力発電所を建設連系し、そしてすべてを一五万ボルト線に統一し、この最高電圧送電線並びに一次変電所までを監理する一つの機関を設けて電力の配給をなさしめ、関係各地の電気事業者はすべてこの機関の内に網羅することを以て、日本に適する一方法となすというを得べし」

こんな大構想は当時、どう考えても民間だけでやれそうにない。利害反する電力会社がどうして一つにまとまるか。大銀行がこの大計画に投資する度胸があったろうか。現に関東大震災後の大正十三年四月に松永が主唱した「大日本送電会社」案（福島―兵庫に二二〇キロボルトの送電幹線をつくる）は無視されてしまった。

それに日本の超電力連系計画を「監理する一つの機関」は、だれが運営するのか。当時の勢力関係からすれば、国が乗り出し、官僚が運営せざるをえなかったであろう。奥村が松永構想を電力国管に賛成かのように誤解したのも、無理からぬことである。

東邦電力主事、出弟二郎（いでだいじろう）は松永の信任厚く、大正十三年に渡米して超電力連系の調査を行なう。出はやがて「電力産業を一事業系統に統制することは、いかなる政治体制、経済組織の下でも必要で、各国ともその道を歩む」と確信するようになるが、それが日本では、「電気事業会社の連繫を策しても、総論では一致するが、実施をする各論となると、ことごとく相反発して実効は少しもあがらぬ。それが私営電気事業の本質である」と私企業体制に絶望する。

以後、おそらく松永の意に反して、電力国営に協力する。電力の実務と技術に明るい出の協力は電力国管推進派にとってきわめて貴重だった（出は日発初代総裁の秘書課長となり、戦後も電力九分割には批判的だった）。

電力運営一元化即電力国営化という考えに対して、前者の必要を他に先がけて主張しながら、それを国営化から引き離した松永の考えは、ついにそのもっとも有能な部下にも理解されなかった。したがって、第三者の朝日新聞論説委員笠信太郎が次のように勇ましく論断しても、至極当然と思われたであろう。

「単一電力経済の創設こそ、現在の資本主義のもとにおける最高の解決方法である」

「しかし五大電力の合同も、電力プールの試みも、各社と金融資本系統間の対立で不可能である」

「電力資本家諸氏は、国家社会主義や革新イデオロギーをにくむべき敵と宣言した。しかし電力資本家にとって、もっとも恐るべきものは、むしろ諸君の足許に横たわっている。電気動力こそ、資本の無政府形態を徹底的に掃蕩し、人間が疎外された自己を取り戻すところの社会を実現してやまない物質的な力ではあるまいか」

「ソ連邦の計画経済は、その創設者（レーニン）が残した『社会主義とはソビエト権力プラス電化である』という標語をそのままに、電力の単一計画経済を基幹として急発展しつつある事実は、日本に向かって問題を投げかける」

笠は国営を促す総資本を代表する権力は、国民層の新たな代表者ではないという疑念を示す。検閲のない今日の言葉で表現すれば、国営化の主体がプロレタリアートでないのを残念がっているのである。

こうして技術論からも、経済理論からも、電力国営化は必然の如く裁断された。あとは立法と政治の問題である。

電力国営論を政治家が取り上げた歴史は古い。明治四十三年、桂太郎内閣の逓信大臣後藤新平伯は臨時水力調査局を設け、発電水力を調査した。そして水利権を民間会社に許可する場合、将来、国において無償で取り上げることができる旨の条件を付する方針を立て、国営化に備えた。大正に入って原敬内閣の野田卯太郎逓相も国営論を称えた。大正末期は政党が競って取り上げ、十五年六月に貴族院の公正会が特別委員会を設け、同七月に政友会、次いで民政党等々、相次いで電力の国営ないしは国家的統制の強化を唱えた。

しかし、電力国管が真に実現性を帯びたものとして登場したのは、実は二・二六事件で倒れた岡田啓介内閣の時である。同内閣は昭和十年五月、国策の大綱を審議する内閣審議会を設け、その下に国策参謀本部ともいうべき内閣調査局を置き、調査官には各省から主として革新官僚が集められた。その中に逓信省電務局無線課長奥村喜和男と陸軍省から来た鈴木貞一大佐がおり、電力国管に取り組んだ。

だが当時の日本の財政状態は、赤字公債が百億円に達し、これからも軍事費の膨張でふえ続ける。そんな時に、投下資本五十億円という電気産業を買収して国有国営にすることは不可能なことであった。

そこで、奥村はうまいことを考えた。国が管理運営する特殊会社を設立し、その会社の株式と引き換えに民間の電力設備を引き取る。つまり所有と経営を分離し、所有は民間に、経営は国でやるというのである。これだと国庫の支出は不要であり、国債発行の必要もない。国にとって濡れ手に粟の方法である。

内閣審議会の委員に、逓信省政務次官を務めたことのある頼母木桂吉民政党総務、馬場鍈一日本勧業銀行総裁がいた。彼らは時流に乗って、いわゆる革新政治家をもって任じていたので、さっそくこの案に飛びつく。翌十一年の二・二六事件で中断されるが、次の広田内閣に馬場が蔵相、頼母木が逓相として入閣するという、願ってもないチャンスがやってくる。

馬場蔵相は十一年三月九日、新財政方針を発表し、国債増発の上に増税をも断行すると声明する。軍部に迎合するため、死をもって健全財政を守ろうとした高橋前蔵相を裏切ったのである。これを聞いて株式市場は混乱する。

次いで三月十三日、頼母木逓相は戒厳令下の特別議会で、電力国管について次の声明を出す。

一、電気事業の統制は漸を逐い、国営を最終目標として実現を期する。
一、具体案がまとまるまでの新規の電気事業関係の認可事項は一切留保する。
一、地方自治団体の電気事業公営に関しては、収益を目標とするものは今後一切認可しない。

電力国営についての政府の最初の公式声明であり、国管実現まで電力事業のモラトリアムを行なうというものだが、これもまた株式市場を驚かせ、電力株はいっせいに暴落した。

もっとも業界は「統制は漸を逐い」という文句をみて、事は急には運ぶまいとタカをくっていた。しかし電力国管を、スローガンである庶政一新の目玉商品にしようとする広田内閣の決意は固い。頼母木逓相は三月二十三日、国管案の推進を図るため、経理局長大和田悌二を電気局長に任命した。これは奥村が同じ革新官僚仲間の大和田の起用を進言したことによるものである。

大和田電気局長は奥村の内閣調査会案をもとに精力的に立案を進め、七月に「電力国策要綱」が、十月には「電力国家管理要綱（いわゆる頼母木案）」が決まり、これを骨子として「電力国家管理法」「日本電力設備株式会社法」など関連立法の成案をみ、十二年一月十九日に衆議院提出手続きが完了、二十一日休会明け議会の最初に提案する手はずが整った。これは業界の意表を衝く敏速さであった。しかし浜田国松代議士の反軍演説で、広田内閣はあっけなくつぶれ、せっかくの案は流れて、業界はほっとする。

頼母木桂吉

宇垣一成陸軍大将は組閣の大命を受けながら、軍部の反対で投げ出し、結局、林銑十郎陸軍大将が二月二日内閣を組織するが、きわめて弱体で、電力国管案はタナざらしのままだった。しかし、決して死にはしなかった。強力に推進してくれる政治家をじっと待っていたのである。

参考文献

▽栗原東洋編『現代日本産業発達史 Ⅲ 電力』＝以下『電力』と略＝交詢社出版局、昭和三十九年▽『東邦電力史』東邦電力史刊行会、昭和三十七年▽三宅晴暉『日本の電気事業』春秋社、昭和二十六年▽電力政策研究会『電気事業法制史』＝以下『法制史』と略＝電力新報社、昭和四十年▽中村隆英『戦前期日本経済成長の分析』岩波書店、昭和四十六年▽『新井章治』新井章治伝刊行会、昭和三十二年▽大沢久明『右翼と青森県』北方新社、昭和四十八年▽『東北地方電気事業史』東北電力、昭和三十五年▽有竹修二「近衛公との対話」（『憶い出』上巻）▽安藤良雄編『昭和経済史への証言・中』毎日新聞社、昭和四十一年、電力国管問題の項▽『日本発送電社史・総合編』＝以下『日発史』と略＝日本発送電、昭和二十九年▽笠信太郎『準戦時統制経済（朝日時局読本5）』朝日新聞社、昭和十二年（笠信太郎全集第2巻「戦時インフレーション」所収）▽電気庁『電力国家管理の顛末』＝以下『顛末』と略＝日本発送電、昭和十七年

第3章　攻防

近衛と永井

昭和十二年六月四日、第一次近衛内閣が成立した。プリンス近衛文麿の登場は各方面から歓呼して迎えられた。軍部も右翼も、革新派も、政党も、重臣も、それぞれ思惑を異にしながら、大きな期待を寄せた。そして、電力問題担当の逓信大臣に民政党の永井柳太郎が任ぜられた。これも軍部、革新官僚の歓迎するところであった。

軍部や革新派は重臣や政党人を目の敵にしていたはずである。しかし彼らの強い圧力は、重臣、政党人の間にも、彼らにおもねり、彼らと気脈を通じる人びとを輩出させた。

五摂家筆頭の近衛もまた革新イデオロギーに侵されていたのである。京都大学時代、河上肇博士の門をたたき、社会主義の匂いをかいだ。軍部、とくに皇道派に親しく、彼らの革新論に同情的だった。側近の富田健治は、「公は二・二六事件の起こった原因について、深い理解をもっていた重臣中の唯一の人だった。元老、重臣は非合法を蛇蝎(だかつ)の如くきらった。しかし公は、非合法テロをにくみはされたが、かかるテロの起こる淵源を除去するのでなければ、今後もテロが続発すると考えておられた」と語っている。

近衛のイデオロギーは、「持てるもの」と「持たざるもの」の対立解消にある。内においては国内における分配の公平を期し、外においては「持てる国」英米の利己主義を排し、「持たざる国」日本の生存権を確保するため大陸に進出せざるをえないというのである。ヒトラーのドイツ労働戦線指導者ロバート・ライ博士の人種的プロレタリア主義、つまりマルクスのブルジョア対プロレタリアの階級対立の思想を歪曲し、プロレタリア的独伊の、ブルジョア的・ユダヤ的英米への闘争を呼びかけたのと軌を一にする。

近衛内閣の時、日中戦争が勃発し、国家総動員法、電力国管が成立したのも、軍部の横車にのみ原因があるのではなく、近衛自身のイデオロギーにも一端の責任がある。近衛は、その革新政策の私的な研究団体として昭和八年「昭和研究会」をつくった。前に述べた笠信太郎の『日本経済の再編成』はその成果であり、そこに蠟山政道、尾崎秀実、三木清らも参加し、革新的政策を論議していた。

昭和七年の五・一五事件で海軍将校に殺された犬養毅首相の遺体を政友会本部に運んだ時、党人古島一雄（こじまかずお）が「軍部と一戦をまじえよ」と絶叫したが、いまやその政友会にも、ライバルの民政党にも親軍派と呼ばれる一群の人びとがいた。永井柳太郎もその一人である。永井は早大在学中、安部磯雄の教えを受け、革新的であり、既成政党人の中での数少ないスターであった。逓相就任に当たって得意の雄弁を振るい、「私は経済上の根底から生ずる弱者と強者との抗争をなくし、社会正義の精神に則って国民の共存共栄を図る」と語った。そのことが、なぜか電力国管への熱意となって燃え上がるのである。

国民に新鮮な魅力を与えた近衛内閣の首相および逓相の革新性は、腕を撫していた逓信省の革新官僚を勇気づけた。逓信省内にも大和田、奥村の国管推進派に反対する勢力があった。次官平沢要（ひらさわかなめ）である。平沢は昭和七年の電気事業法改正の担当者であり、国管をせずとも事業法の適切な運用で目的は達せられる、という見解であった。次官が反対では肝心の逓信省がまとまらぬ。しかし永井逓相の圧力、大和田電気局長の馬力で、反対派をねじ伏せた（平沢次官はやがてやめさせられる）。

永井柳太郎

その間、業界は何をしていたのか。頼母木逓相の国管法が発表された時、電気協会は会長の日本電力社長池尾芳蔵を正面に立て、活発な反対運動に乗り出した。数万部のパンフレットを配布し、派手であった。日本経済連盟会、日本商工会議所、全国産業団体連合会（全産連、日経連の前身）も反対決議をしてくれた。二・二六事件の直後とて、反軍の政党人も暖かく迎えてくれた。

当時の新聞社説（昭和十一年九月四日、東京日日）も、「国営にすれば電力が安くなるというが、これはやってみなければわからない。が、他の官業の実績に徴して推定すれば、蔽うべからざる不能率を発見するのみか、産業の官僚的支配が、結局するところ古手官吏の仕事場の拡張になりやすいことは世間の常識である。公平にして冷静なる観察者が、官僚立案にかかるこの案ににわかに賛成しないのは案自体の内容如何よりも、官僚政治にあきたらざるものがあるからではなかろうか。官僚群は自らの興奮の中に独善主義を振り回さんとする。政党の信用が低落したりとはいえ、独善主義の官僚にあっさりと白紙委任状を渡し、産業まで委せうるかどうか。これは電力の問題のみに限らない」といってくれた。

しかし、一年たたないうちに空気が変わった。日中戦争も始まったこととて、挙国一致のムードの中で、政府および軍部の意向に楯つきづらくなっていた。業界内部の連繋強化、財界への訴え、そしてひそかな政党への働きかけと、反対運動も隠微なものになった。しかし、自分の事業を取り上げられるという切羽つまった立場の電力業者より、もっと事態を憂慮していた財界人がいた。前年の昭和十一年、東京電燈会長をやめ、日本経済連盟会会長として財界を指導していた男爵郷誠之助である。永井逓相も、近衛首相の側近滝正雄企画院総裁も、財界、衆議院、貴族院の反対を決して甘くみてはいなかった。滝は財界首脳であり、貴族院公正会の実力者でもある郷の事前了解をとりつける必要を感じ、郷と親しい国策研究会の矢次一夫にあっせんを頼む。

二人は十二年七月中旬のある日、郷が一時借りた東電社長室に同氏を訪れた。矢次は滝を紹介しようとすると、急に郷は手で矢次を制し、「その前にちょっと話したい。今日ここにお出でになった用件が、もしも目下問題となっている電力国管のことなら、お話をうかがうわけにはいかん。このままお帰り願いたい。もちろん電力業者の中に悪い奴がいることも、したがってある程度指導したり、統制を加える必要のあることも、私は承知しておる。しかし今度の電力国管案は、そうしたこととは性質も違い、資本主義制度の根本に触れることだと考えられるから、私として賛成するわけにはまいらぬ。徹底的に反対しようと考えている。だから今日のお出でが、この話なら、これは今、話し合わぬ方がよいと思う。そうでなく、他の問題のお話なら、喜んでお話を承る。どうだろうか」

二人は立ったまま聞いていたが、滝は矢次に「仕方がありません。帰りましょう」という。紹介者の矢次はメンツをつぶされた思いで不承不承で帰ろうとすると、郷は矢次を「ちょっと」と呼び止めて、「そちら（滝を指して）のお方に失礼ながら、君に少し話をしておきたいことがあるから、座って聞いてくれ」と、次のようにいったのである。

「この話は、私の遺言のつもりで聞いてもらいたい。君も知っての通り、昨年の二・二六事件以来、財界人の間に狼狽の風が起こって、殺されそうもない連中までが、今にも殺されそうなかっこうをして、あわてているし、時局便乗で軍におべっかをいったり、まことに見苦しい限りだ。中でもいちばん腹に据えかねるのは全産連の態度であり、わけても藤原銀次郎君の声明だ。財界も方向転換する必要があるというが、これは言語道断だ。財界は、昔も今も、またこれからも、少しも方向転換なぞする必要はない。日本の財界は、まだ頭のよくない藤原なんぞに代表されていない。三菱の岩崎と

郷誠之助（東京電燈会長時代）

三井の池田とも、このことを話し合っているが、僕らの目の黒い間は、断じて軍部なんぞに迎合したり、方向転換したりなんぞしないから、判断を間違わぬようにしてもらわんと困る。このことをわかってほしかったから引き止めたんだが、今日はせっかくお出で願ったのに失礼した。君からもよろしく伝えてほしい」

ここまで一気にしゃべった郷は、片隅で黙然として聞いていた滝総裁に軽く目礼して、矢次に「近いうちに一杯飲もう。医者から酒は二本と決められているが、飲み始めると、そうもいかん」といって初めて笑った。

この〝勇気ある〟発言は、当時は「遺言」の覚悟でないといえなかった性質のものである。しかし、ひっきょう強がりに過ぎなかった。なぜなら藤原ばかりか、三井の池田もまた「財閥の転向」を図っていた。財界もまた電力国管に最後まで反対しきれなかった。

党人永井には前途の困難は十分わかっていた。そこで、永井逓相は自分がメンバーである国策研究会で、まず民間の立場から電力国管を研究させ、ムードを盛り上げるという作戦をとった。矢次が事務局長のこの会は、民間とはいいながら政・財界、官僚、軍部の実務クラスを網羅し、その実務的影響力は昭和研究会を上回っていた。もちろん大和田悌二、奥村喜和男、滝正雄も有力会員であり、松永安左ェ門にそむいた出弟二郎も企画院嘱託としてこれに加わっていた。

　国策研究会は十二年の七月八日から電力問題研究委員会を開き、九月三日に「電力国策要綱」を公表した。既存の水力発電所を除外し、主要送電設備、主要火力発電所、新規水力発電所で電力開発会社をつくる。第一案は開発会社から設備を借り上げ、国みずからが発電して卸売りする。第二案は、業務は会社にやらせて国が監督し、必要な命令を出すというもの。二案併記の形となった。

　次いで永井逓相は、電力国管があくまで官民協力の所産であることを、名実ともに整える必要があるとみて、十月、官制の臨時電力調査会を設け、三十五名の委員には五大電力の社長など民間の反対派も入れた。

　十月十八日の第一回総会で逓相が諮問したのは、「電力ノ国家管理ヲナシ、国力ノ充実、国民生活ノ安定ヲ図リ、戦時体制ニ順応シテ、生産力ノ拡充ニ備ヘ、国防ノ充足、動力ノ動員ヲ整ヘ、産業計画遂行ノ円滑ヲ期スルハ刻下緊急ノ要務ナリ、ヨッテ之ガ急速実施ニ関スル具体的方策ヲ諮ウ」ことであった。

　電気協会の池尾芳蔵会長がまず立ち、「この調査会は国家管理の是非を検討するものと思って委員を引き受けたが、諮問の内容をみると国管はすでに前提となっており、実施の具体策を聞かれたにすぎない。これでは協力できない」と発言したが、結局は逓信省から国策研究会の国管案の印刷物をもらって引き下がらざるをえなかった。

十月二十二日の第二回総会で業界側が反撃する。東京電燈の小林一三社長が五大電力会社連名で出した「電力統制に関する意見書」と「電力統制要綱」である。

国家非常時に当たって企業形態を変更するのは、激流を渡っている時、馬を乗り替えるようなもので、危険である。国防に協力するには動員調整を図ればよい。国はもっと大きく日鮮満支の水火動力の総合開発と調整に目を向けるべきではないか、という趣旨のもと、

①全国を北海道、東北、関東、中部、関西、中国、四国、九州地域に分け、それぞれ地方統制委員会と地方配給司令部、その上に中央統制委員会と中央配給司令部を設け、電力の経済的運用と電力融通調節を行なう。

②政府は電力庁を設け、電力統制委員会を指導監督する。

という内容である。

もはや大勢は動かぬとみた業界は、政府監督の下の自主的統制案で切り抜けようとしたのだが、それがかえって「業界自身も統制の必要を認めたのではないか。それなら、国管でも良いではないか」と逆効果になる。

社会大衆党の麻生久委員は、「要するに時局の圧迫を感じた結果、やむなくかかる案をつくったにすぎず、重圧散ずればふたたび業者同士で有害無益の競争をなすは必至であり、一言にしていえば、ごまかし案に他ならぬ」と痛撃した。

業界の粘り強い反対にじれったくなった大和田調査会幹事（電気局長）は十一月二日の小委員会で

強硬な大演説をぶつ。

「日本の国体は一君万民、全体本位に共に栄えるというのが日本の政治であります。国管についても、ひとつこの電気を国家のため、もっとも理想的に動かしたいという考え以外に何物もないのでありまして、あたかも国民精神を代表されて君国のためにバンザイを唱えて戦死される兵士の如く、産業全体の基礎としての兵士たる電力は全産業のため、全体のためにバンザイを唱えて、この際戦死をされたらどうか。営利を念としないで経営するというのは営利事業としての戦死である。しかしながら、これは名誉の戦死であります」

この少壮官吏のカサにかかった言い方にヘキエキしながら業界は反論し続けたが、結局、逓信官僚の手で答申案がまとめられる。

①特殊会社を設立し、新規水力発電所、主要火力発電所、主要送電設備を握る。
②電力の需要計画、発送電施設の建設計画、電力料金、電力の配給は国が決定する。
③特殊会社が政府の決定に従い、建設、業務の運用に当たる。会社の役員は政府が任命し、重要事項の決定は政府の認可を要する。
④配電事業の整理統合を図る。

というものである。

十一月十九日の総会で、この答申案の採決が行なわれる際、業界代表は退席流会戦術をとろうとしたが、永井逓相は機先を制し、「この案は今日までに三十五名の委員中、二十五名までが賛成の意を通じてくださった。調査会の意向がおのずから明らかになってまいりましたので、諸君のこれまでの努力に敬意と謝意を表し、これでこの調査会を終了する次第であります」といって、さっさと解散してしまった。

反発の機会を失った電力五社は、この答申案にもとづいて十二月十七日の閣議で「電力国策要綱」が決定される前日の十六日、五社の「共同計算制」案を発表する。五社の自主統制実施のため、発送電、配電を通じ、五社の電気事業に関する収支は、あげてこれを共同計算に移し、さらに進んで原価計算を公表するという捨て身の提案だった。

しかし、時はすでに遅かった。翌日に要綱が閣議決定となり、逓信官僚は勇んで法案づくりにかかった。「電力管理法」「日本発送電株式会社法」「電力管理に伴う社債処理法」「電気事業法改正」の関連四法案の提出を翌十三年一月の第七十三議会再開日に間に合わせるべく、突貫作業が進められた。

衆議院と貴族院

最後の難関は国会だった。国会と政党は権威を痛く失墜していたとはいえ、形式的には天皇の定められた欽定憲法にもとづいて、立法権を握っていた。衆議院は親軍派と無産政党の社会大衆党、右翼の東方会など小会派を除いて、政友会も、永井逓相の属する民政党も、はっきり反対とはいわないままでも態度があいまいだった。逓相は働きかけが成功しないのに業をにやし、最悪の場合は民政党脱党をも覚悟するに至る。

貴族院も私有財産権侵害の恐れありとし、乗り気でなかった。貴族院議員で商法学の最高権威松本烝治博士は、電力国管案は「電力会社横領法」だと酷評し、つとに法理論から反対論を展開していた。永井逓相も大和田電気局長も、議会の中でこそ反対がうず巻いているが、一歩外に出れば電力国管を貫徹すべきだとの声が巷に満ちている、「国会は世論から遊離している」と信じていた。そして政党が反対するのは財界から金をもらっているせいだと信じていた（松本博士は電気協会と東邦電力の法律顧問だった）。

しかし、ともかく議会は電力国管が違憲であり、国体に反するファシズム、社会主義といい立ててくるだろう。これに対し政府は何らレーニン、ヒトラー、英国の社会主義者Ｇ・Ｄ・Ｈ・コールの思想と関連なく、ただ電気という基礎的エネルギーを全国民に及ぼそうというだけで、これをきっかけに他産業の国家管理を推進しようとするものではないと弁解せざるをえなくなった。つまり政府は、この議会では勇ましい革新論が使えなくなったのである。

第七十三議会は昭和十三年一月二十二日に再開され、翌二十三日の衆院本会議で第一議員倶楽部の小池四郎は、「内閣参議の郷男爵は電力国管に反対しているが、政府は人民戦線を弾圧し、憲法によって認められている言論の自由を強圧した如く、財界の営利主義に対し統制を加える意思なきや」と質問した。近衛首相は立って、「相当の摩擦を覚悟して、革新的政策を行なわねばならぬという御説にはまったく同感であります。電力問題はかならず諸君の協賛が得られると確信いたしております。内閣参議の中に電力問題について反対の人があるとの御話ですが、これは差支えございません。

参議は支那問題以外の他の問題について内閣と見解を異にしても一向に差支えないのであります」

近衛公は、はっきりと財界重鎮の郷男爵の反対論を一蹴した。

しかし本会議と電力管理特別委員会の審議は、社会大衆党の賛成意見のほかは、ほとんどが意地悪な質問だった。

「名は国家管理にして民有民営なるも、その実際の運用は全然官営である。官営は鉄道、日本製鉄、煙草、電話等の如くすべて非能率的なものばかりではないか」

「発送電会社が業務を始めるまでに相当の期間を要し、その間、民間会社の新規開発は望まれないから、過渡的に電力不足を招く恐れはないか」

「外貨債の担保になっている設備を出資するのは、外債権者に不安を与え、日本の国際信用を失わせ、外貨の輸入が困難にならないか」

「電力国管の結果、料金はどれだけ下げられるか。一キロワットいくらになるか」

「新会社の炭価の見積りは昭和十四年でトン当たり十四円とみているが、現在二十円もしており、料金の算定はずさんである」

「電力国管は国家社会主義思想から出発しているのではないか。コールと奥村喜和男氏との思想的関連を問う」等々。

もっとも賛成論者が八百長質問をしてくれ、政府側も反撃した。

(問)「電気協会は猛反対を続け、時局に対する非協力の態度にあけくれているのは、一部の私利のため公器をもてあそぶものである。監督官庁としての見解いかん」

（答）「電気協会は公益法人であるから、一部の私益のため本分を逸脱せりと認めれば、適当の処置をとる考えである」

そして、社大党の冨吉栄二が杉山元陸相から「電力国管は国防計画上必要である」との軍の方針をはっきりと引き出すと、さしもの議場も一時はシンと静まり返った。

衆議院も最後まで反対することはできなかった。軍部のにらみがこわかったし、すでに町田忠治総裁ら民政党幹部も永井逓相の要請を受け入れて、賛成していた。いいたいことをいったあと、政府原案をそのままのむのはシャクだから、いくらか修正させた上で通す作戦に出た。

民政、政友両党の共同修正の主な点は、

①法律の目的として「低廉豊富な電力の普及」を明示する（政府の修正反対の理由は低廉と書くと将来の料金政策に支障をきたす恐れがあるというもので、早くも前宣伝と違っている）。

②出資者の株式買入れ請求に対して政府保証の社債交付で応じられるようにする。

③監督官庁の官吏は退職後五年間は日本発送電会社の役員、従業員になってはならない（逓信官僚に対するいやがらせ）。

等々であった。

これに対し社会大衆党は政府原案に賛成、修正案に反対し、さらに、配電に至る完全国管に進め、とハッパをかけ、民政、政友会のにくしみをかった。修正案は三月七日、衆院を通過した。

電力国管の衆院審議と並行して、きわめて重要な法案が二月十八日に閣議で決定、二十四日に衆院に提出された。国家総動員法である。この法律は「戦時または事変に際し、国防目的達成のため、国の全力をもっとも有効に発揮せしめるよう、人的および物的資源を統制運用する」ものだが、この法案の条文は抽象的な基本原則を並べただけで、実際の内容は、議会の審議なしで政府が決める勅令に任されることになっていた。そして労働争議、新聞出版の制限、禁止も行なえるなど、国民生活全般に広く統制という網をかぶせるものであった。

政府、そして軍部は、この法律を使えば、議会が反対しても、たいていのことはやれる。議会、政党は当然反対した。そして電力国管と同じく、社会大衆党と東方会は政府案に賛成し、あたかも政府与党の如く振る舞った。

しかし審議にかけた時間の長さ、ねばり強い抵抗ぶりは、むしろ電力国管の方が上回った。それはなぜか。

総動員法は「将来の不測の事態に備えたもので、今すぐ適用するつもりはない」という政府の口約束、法文自体が抽象的で具体性を欠いている、といった理由のほかに、やはりこの法案成立に全力をあげている軍部の圧力の強さをあげねばなるまい。

しかし、電力国管と総動員法は深い関連を持っていた。陸軍側説明員の佐藤賢了中佐は「電力の国家管理によって豊富低廉に動力を準備し置き、国家総動員の用意をなすことができ、この意味において国家管理は総動員法のもととなるものである」と答弁している。電力国管は総動員法の具体的適用例であり、企業形態の変更をともなう同法の徹底的活用の事例であり、いわば先兵の役割を果たすものであった。議会に上程されたのが早かったという事情もあり、反対論議は電力国管の場合の方が一段と活気があった。

そうはいっても総動員法の審議も決して平坦ではなかった。「だまれ事件」と「西尾末広除名事件」という、日本議会史上、忘れられぬ事件が相次いだ。

三月三日の衆院国家総動員法委員会で陸軍省軍務局軍務課員の佐藤賢了中佐がにえ切らぬ政府答弁にしびれをきらし、みずから説明役を買って出て、とうとう三十分も大声でしゃべり続ける。しかし議員のなかから「ヤメロ、ヤメロ」の野次が出て、頭にきた佐藤中佐は「だまれ」と一喝した。議員はいきり立ち、さすがの中佐もそれから登院を自発的に遠慮した。しかし不思議にも、政党の追及は以後迫力が落ちていく。

そして結局、民政、政友の両党は、①本法を乱用するな、②進んで世界平和の実現に努めよ、という付帯決議をつけただけで三月十六日に衆院を通してしまった。しかし、本会議で喜び勇んで賛成する社会大衆党の西尾末広の演説は、彼らの怒りを挑発した。

「本案に反対する者の裏には、国家の利益より個人の利益を先にせんとする資本主義イデオロギーが含まれている（「ノー、ノー」の野次さかん）。わが国は未曽有の変革をなさんとしている時であります。近衛首相はもっと大胆率直に日本の進むべき道はこれであると、ヒトラーの如く、ムッソリーニの如く、あるいはスターリンの如く大胆に……（議場騒然、あと聞き取れず）」。そして西尾は「暴力独裁政治を賛美した」という理由で衆院議員を除名された。

民政、政友の党人は軍部に憤懣を抱いても正面から反発できぬ。そこで軍部に賛成する社大党にうっぷんをぶちまけたのである。大人気ない振舞いだが、一方で軍部におもねり、軍部の統制政策を革新政策とカン違いして、戦争への道に協力したことは社大党と西尾の悲劇であった（そして戦後日本の民主社会主義が、かつて自由主義に反対し、全体主義者のヒトラーとスターリンに賛成したかの如き西尾に指導されたことも、悲劇の一つといえるだろう）。

国家総動員法は三月二十四日、電力国管より早く貴族院も通過、成立する。「すぐには適用しない」という政府答弁はすぐに破られ、十三年中に早くも「学校卒業者使用制限令」「利益処分制限と金融機関への強制貸し付け命令」などが出された。昭和十五年の第二次電力国管は、第一次の際の議会、業界の反対にこりて、大部分は総動員法発令で実施された。総動員法と電力国管は一体といわれるゆえんである。

話はさかのぼって、電力国管案は三月八日貴族院に上程、同日の本会議でただちに審議に入った。トップバッターは、つとに反対論で知られる松本烝治博士である。重要法案の質問の第一陣に無所属の反対論者を立てたことで、貴族院のこの問題に対する態度がわかるだろう。

松本「民有財産を徴発する際、かならず現金または公債を交付するのがわが国法制の根本で、帝国憲法二十七条で、『日本臣民はその所有権を侵さるることなし』と定めてあるゆえんで、政府案の如く業績不測の会社の株式を交付するのは憲法の趣旨にもとる」

永井「日本臣民の財産はことごとく上皇室の御あずかり物にして、国家公益のため必要ある場合は、いつにても率先これを投げ出すべきで、博士の如く個人の利益を先にするは、かえって帝国憲法の趣旨にあらず」

松本「電力設備は一体として工場財団となり、外貨債の担保となっている。それが日発と民間会社に分離されると、担保物件としての一体性が損われ、外債権者の既得権を侵害する。欧米の裁判所に出訴されれば敗訴すること明白である」

永井「担保設備は依然として工場財団に属させ、出資会社が債務を履行しない場合は、日発が元利を支払い、日本政府が保証する。決して外債権者の利益を侵害しない」

松本烝治

商法学の第一人者と自他共に許す元東大教授松本博士は、東大法学部出身の官僚にとって攻めにくい恩師であった。京都大学出身の大和田電気局長は歯がゆく思い、立って、「ただいま松本議員は法律だといわれたが、この字も知らん者がこしらえた法律だといわれたが、この作成にたずさわった人たちは、みんなあなたの弟子ですぞ」といささか脱線する場面もあった。

審議は委員会に移っても、かならずしも政府に望ましい状態にはならなかった。憂慮した逓相は十八日夜首相官邸を訪れ、貴族院工作について懇談した。そして近衛首相は翌十九日、委員会に出席し、「本法案は現内閣のもっとも重きを置く政策の一つである。この法案に議論多きことは承知しているが、ぜひ原案の通過せんことを希望する」と発言した。貴族のホープ近衛公のたっての要請に、貴族院の険悪な空気は多少ゆるんだ。

しかし、修正案をめぐって各会派の最後の折衝がもめているところへ、飯田精太郎男爵が二十三日、「外債処理をめぐるいざこざをなくすため、国家管理を発送電、配電の全設備に及ぼせ。これだと担保物件の一体性が保てる」という案を出したのである。政府案をいっそう徹底させるかにみせて、その実、政府案を流す策だったに違いない。松本博士もこれに賛成した。

政府は動揺した。最後の手は「近衛内閣総辞職論」である。近衛側近の滝企画院総裁らがひそかに流したこの情報は、貴族院に電波のように広がり、今度は貴族院が動揺する番だった。貴族のエース近衛公を見殺しにできぬ。近衛のあとに軍部またはその直系が首相になったらどうなるか。成立したばかりの総動員法を使われて、好き放題のことをされる。やはり、ここは近衛をやめさせることはできぬ。近衛内閣の二重性、つまり革新政策を推進することによって軍部の信頼を獲得し、その信頼によって軍部の行き過ぎを抑制する。貴族院は後者に期待をかけ、あえて電力国管に賛成することにした。

貴族院の修正は衆議院修正案を政府案に戻すものが多く、たとえば衆議院の官吏の天下り禁止条項に「ただし大臣がとくに必要と認めたる場合はこの限りにあらず」と風穴をつけたことなどである。このため、両院協議会を開いて調整したのが会期最終日の三月二十五日。一日会期を延長して、二十六日午後十一時十六分、ぎりぎりでようやく成立した。

以後、日本の議会は政府提案の重要法案をこんなに長く審議し、反対論を述べ立て、修正のためいじくり回す例は皆無となる。議会と政党が自由主義経済を守るため奮闘した最後のケースとなった。

政府の心労も大きかった。ことに政治生命を電力国管にかけていた永井逓相は連日連夜、国会の攻撃にさらされながら、持病のリューマチに苦しんでいたのである。登院前に痛み止めの麻酔薬を飲みねむくなる。それがさめると激痛が襲うという状態だった。しかし政党人としてのかけ引きのうまさは、国管法成立の大きな要因となった。

永井逓相は大和田局長以下、関係官吏五十余名と官邸で祝杯をあげ、「私のもっとも恐れたのは、電力案の不成立で国民大衆の正義感を損うことであった。その失望がいかにわが国の進歩を阻止するかの点であった」と革新政治家らしい感想を述べたあと、激しい下痢で入院しなければならなかった。議会工作に精根すりへらしたのである。

参考文献

▽『顛末』▽『昭和史の天皇16』読売新聞社、昭和四十六年▽矢次一夫『昭和動乱私史・上』経済往来社、昭和四十六年▽大和田悌二『電力国管の裏話し』電力新報社、昭和三十三年▽大谷敬二郎『軍閥』図書出版社、昭和四十六年▽フランツ・ノイマン『ビヒモス』▽『東邦電力史』▽『日本の電気事業』▽『日発史』

第Ⅱ部

電力国家管理の実態

第1章　統制は統制を生む

晴天の出発

電力国管関係法案は昭和十三年四月五日公布され、実施は十四年四月一日と決まった。準備期間は一年しかない。五月六日、逓信省外局として電力管理準備局が設置され、長官は大和田悌二自身が当たることになり、次長は片腕の藤井崇治(ふじいそうじ)を任命、総勢百二十余名で、ただちに作業に入った。明治三十九年の鉄道国有の準備事務記録を参考にしたが、鉄道は電力より簡単なのに二年の準備期間があった。

しかし今度の電力は、一年で全国に分散している出資対象物件を実地検証し、評価しなければならぬ。従業員や備品の引き継ぎとともに、電力需給計画を立てて、それにもとづいて石炭の買入れをやったり、電源開発の準備をしたりしなければならぬ。

電力に関する重要事項の諮問機関「電力審議会」、出資設備の評価をする「電力評価審査委員会」に次いで、九月六日に「日本発送電株式会社設立委員会」と、その事務機関の設立事務所が発足した。事務長は逓信大臣だが、実際の仕事は藤井電力管理準備局次長が当たった。

増田次郎

それはぎりぎりの日程であり、わずかの遅れも許されなかった。しかし大和田―藤井のコンビは精力的にハード・スケジュールをこなしていった。そして、五大電力の一つ大同電力が全社あげて日発に発展的解消をする方針を決めたことと、日発の株式公募に対する予想外の人気は二人の疲れを快くいやしてくれた。

電力国管に猛反対した五大電力も、すでに決定したうえは国策に協力するのが当然という建て前論と、ここはいち早く日発にくいこみ、日発内での勢力扶植を図るのが得策という現実論から、日発協力への動きが高まった。とくに卸売専業だった大同電力と日本電力は日発に出資してしまうと、残りの設備だけでは事業が成り立たぬ。とりわけ多額の内外債と、多額の借入れ金をかかえていた大同電力は会社ぐるみで日発に入り込むことを決め、日発設立に熱心に協力した。そのためもあってか、日発初代総裁は大同電力社長増田次郎に決まる。こうなると他社も「バスに乗り遅れるな」という気持ちになる。こうして日発設立事務は円滑に進んだ。

日発は現物出資の見返りに交付する株式六億三千九百三十一万円のほかに一億円（二百万株）の公募を行なうことになった。この人気は日発に対する世評を反映する。それが担当者の事前の心配を吹き飛ばす好調ぶりであった。昭和十四年一月十六日から十八日までの三日間を一般公募四十万株の

日本發送電株式會社株券
五萬株
見 金貳百五拾萬圓 本
ろ辛00
株主 何某殿
商號 日本發送電株式會社
設立登記 昭和拾四年四月壹日
壹株ノ金額 金五拾圓
本株券ハ法令及當會社ノ定款ニ據リ記名者ガ五萬株ノ株主タルコトヲ證スルモノ也
昭和拾四年七月壹日
日本發送電株式會社
總裁

日本発送電株式会社の株券

募集期間として受付けをしたところ、初日の十六日で申込み口数一万八千九十六口、株数二百九十九万七百四十株と、株数で七倍半に達した。したがって申込みを削るのに〝うれしい悲鳴〟をあげねばならなかった。

あわただしかった準備も終わり、四月一日、日本工業倶楽部で日本発送電会社の創立総会が行なわれ、四月十八日、東京小石川町の本社広場に朝野の名士七百余名、社員を加え千五百余名が集まってにぎにぎしく開業式を開き、当時日本一の資本を擁する大国策会社の誕生を祝った。空は晴れわたり、天までが祝福してくれたかにみえた。

日本発送電とはどんな会社か、その特徴をあげてみよう（数字は開業時）。

①資本金七億三千九百三十一万五千三百円ですべて民間資本。出力五千キロワット以上の新

規水力発電、一万キロワット以上の火力発電、主要送変電設備を独占し、民間に残る既設水力についても日発の送電線につながるものは日発が買い入れる。

②電源開発、電力料金など日発運営の重要事項は政府が決めて、日発がこれを実施する。日発の定款変更、社債募集、利益金処分など重要決議は逓信大臣の許可を要する。

③総裁、副総裁、理事は政府が任命する。

④初年度から十年間、政府は年四分の配当保証をし、年六分以上の配当ができるようになれば、六分を超える金額は政府補給金の償還にあてる。社債の募集を払込み資本金の三倍まで（一般会社は資本金まで、電力企業は二倍まで）認め、同時に国が保証する。

要するに民間資本といいながら、株式は社債化され、配当保証と引きかえに株主の権利はあってなきが如しであった。経営権も日発と同時に発足した電気庁とどこまで分かち合うのか、はなはだあいまいであった。電力管理準備局長官から、逓信次官に栄進した大和田悌二は「電気庁と日発との関係は脚本作者と俳優の関係」と評したが、それでは興行が失敗した場合の責任はだれがとるのか、作者か俳優か、その決着を迫る事態が早くも発生した。

最初の挫折

日発の開業式は快晴に恵まれたが、考えてみれば水主火従時代の電力会社にとって、雨こそ天の恵みである。開業式もできないくらいの大雨が降っていた方がよかったのである。

昭和十四年は、年初から雨が少なかった。しかし、春になれば回復するだろうと安易に考えていたが、雨はいっこうに降らず、六月も空梅雨に終わった。中国、近畿は干ばつとなり、中国の如きは、八月の可能発電量が過去十ヵ年平均の二二％に落ち込んだ。頼むは石炭だが、調達は思うにまかせぬ。ついに送電休止、停電という非常措置をとらざるをえなくなり、阪神工業地帯では中小工場が動力を断たれて休業に追い込まれた。工員を遊ばせても六割の休業手当は出さねばならぬ。工場主は音を上げた。工員の方も、物価がどんどん上がるのに、これまでの六割の収入ではどうにも生活できぬ。電力不足は社会問題になった。

増田総裁以下、日発の幹部は血まなこで石炭確保に努めるが効果はあがらぬ。せっかく入手したのが粗悪炭で、発電能力は著しく低下した。ついに八月、総裁名で商工大臣と逓信大臣に嘆願書を出し、政府の協力を要請した。日頃威張っている電気庁のお役人は、こんな修羅場では何の役にも立たなかった。

しかし、当時は第一次近衛内閣のあとの平沼騏一郎内閣が独ソ不可侵条約に驚き「国際情勢は複雑怪奇」の声明を出して総辞職し、次いで阿部信行陸軍大将が組閣し、逓相に永井柳太郎が返り咲いたが、阿部内閣もなすところなく四ヵ月で退陣し、翌十五年一月に米内光政内閣ができるまで、政局は電力のことなどかまっておれないほど混乱していた。

しかし事態はよくならない。政府はついに国家総動員法にもとづく電力調整令を昭和十四年十月に公布、翌十五年二月に全面的に発動した。国の命令による電力消費規制である。

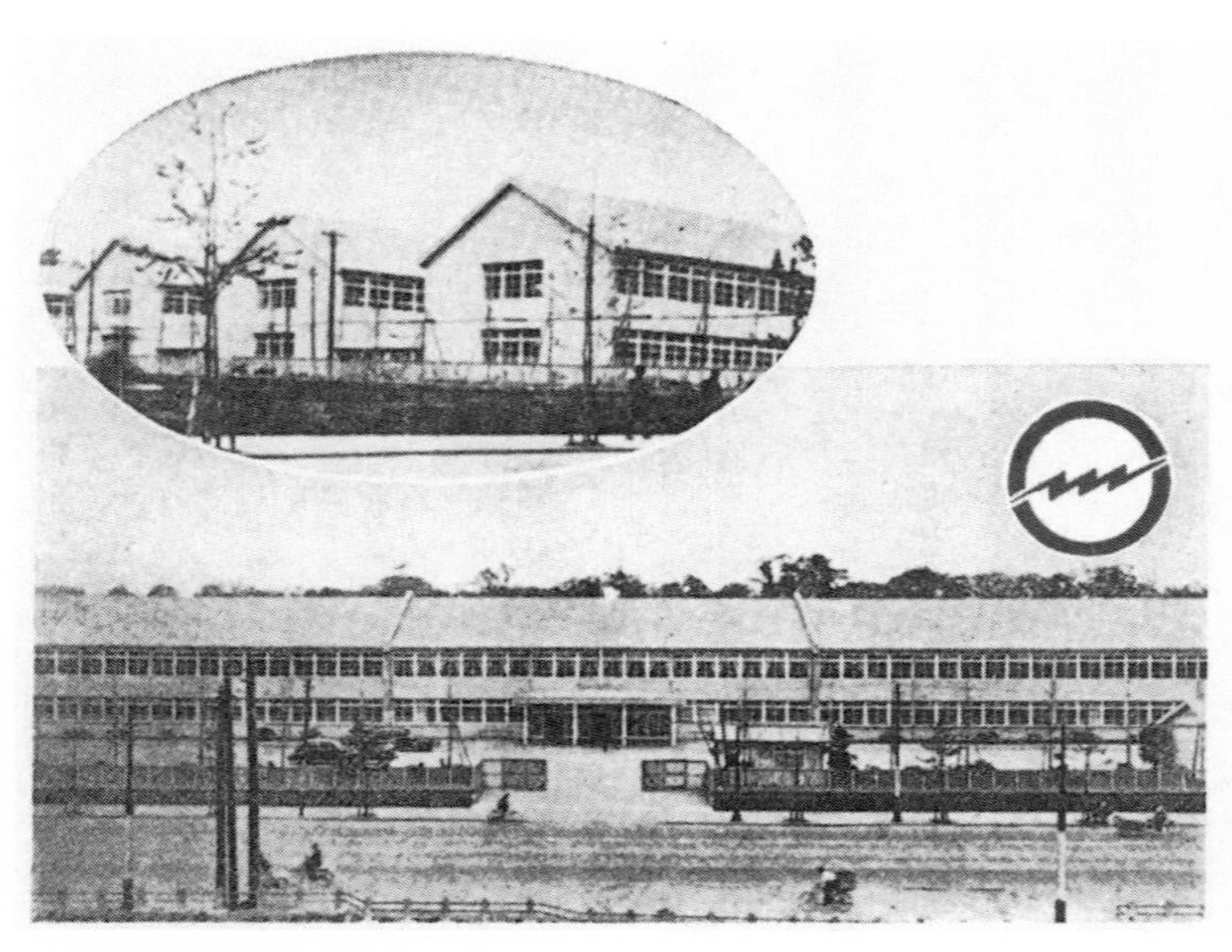

日発本社社屋正面（下）および側面（左上）、社章（右上）

電力国管のうたい文句「豊富な電力の供給」はどうなったのか。無理やり沈黙させられた議会人も、十五年初頭の第七十五議会ではさすがに黙っておれなかった。

貴族院の松本烝治は、「電気庁長官は日発ができていなかったら、電力飢饉はもっと深刻かつ不公平な結果になっていたろうと言っているが、道路で人を突き倒しておいて、俺が突き倒してやらなかったら、お前など自動車にひかれて死んでいたろうという無頼漢の言に等しい」と毒づいた。

住友財閥の小倉正恒（おぐらまさつね）も関西財界の懇望に応えて貴族院で質問した。小倉演説は、電力飢饉対策として「発電所の建設を促進しなければならぬのに、電力料金が低く抑えられ、建設費が引き合わぬ状況では電源開発は困難である。また燃料の石炭を確保するため、石炭の増産を刺激しなければならぬ」と強調した。

当時の政府の物価対策は石炭、鉄、電力などの基本物価を低位に釘づけすることであったが、これらの事業は生産コストが高騰したのに値上げできず、不採算に悩み、元来、増産がもっとも必要なのに、かえって減産する。小倉演説はその矛盾を衝き、経済原則にもとづいて物の増産を図れと説いたのである。

衆議院では、松尾四郎が、「日発は当初から石炭問題に対する認識を誤り、戦時下なのに、将来は石炭価格が低下するような見込みを立てている。これは実情をまったく無視している。それに鉄道にせよ、船舶にせよ、たくさんの石炭を消費しているところは、何とか苦境を切り抜けているのに、日発だけができぬのはどこかに手抜かりがあるのではないか」と痛烈に批判した。

しかも最優先の軍需工場まで電力不足の影響を受けるに及んで、逓信省ではラチがあかぬと商工省、陸海軍省に苦情が持ち込まれた。軍には電力国管ごり押しの責任がある。畑俊六陸相は北支派遣軍に秦皇島、青島にある軍用炭をまわし、関東軍にも撫順炭の輸送に協力するよう命令した。拓務大臣小磯国昭陸軍大将も台湾、樺太の石炭急送の手配をした。

しかし、こんなことでは焼石に水である。首相の米内海軍大将は内閣の親任式の終わった一月十七日、実業界出身の藤原銀次郎商工大臣を呼んで、「すべてを一任するから、この難局を切り抜けてもらいたい」と頼み込んだ。

ボロ会社王子製紙を再建して名経営者とうたわれた藤原は三つの対策を立て、すぐ実行に移す。第一は、ともかく三井、三菱、安川、貝島といった大手石炭業者に増産させることである。大手石炭会社の共販組織「昭和石炭」の代表松本健次郎と会い、「ほかならぬ藤原が、大臣としてお願いするのだから、まげて出炭してください」と頭を下げた。

次いで、出炭したものを火力発電所まで海上輸送しなければならぬ。ところが天候が悪く、瀬戸内海の島かげに待避しているすきに、いつの間にか積荷が減っている。高い買い手に横流しされるのである。小樽港では悪天候続きで船が出せぬという。藤原は役人を叱って、「なぜ金でツラを張って船を動かさぬか」という。日発の担当者は、「商工大臣はどうも闇の運賃や奨励金を出せといわれるように受け取れるが、国策会社は闇をやってもよろしいか」と逓信省に問い合わせ、さすがの大和田次官も返答に困る。しかしその後、不思議にも荒天つづきのはずの小樽港から石炭を積んだ船がどんどん出ていくようになった。

最後に、三井、三菱を通じてカナダ、インドから石炭各五万トンを六百四十万円で買い付けた。値段は内地炭の二倍半。乱暴な取引である。しかし、政府お声がかりの外国炭の輸入は石炭業者の売り惜しみ心理を冷やす効果があった。以後、日発の石炭の入荷は漸次好転した。実業家藤原の闇行為もいとわぬ価格メカニズムを重視した緊急対策が効を奏したのである。

なぜ日発にひどい石炭不足が集中したのか。設立準備に当たって周到な石炭手当をしなくてはならないのに、国策会社日発には石炭業者は競って納入するだろうとタカをくくり、石炭買付けは経理部石炭課という事務方に任され っ放しであった。首脳部が事態の重大性に気づくのが遅かった。

悪いのは電力会社だ、と日発や逓信省はいう。電力会社は日発への出資を前に貯蔵炭をどんどん使い、十分な量の石炭を日発に引き渡さなかった。おまけに日発が石炭確保に血まなこになっているのに、配電会社はイルミネーション、ネオンなど不急の電力を売っている。増田総裁は、「これを電力使用量よりみるときは九牛の一毛に候えども、気分の上よりみるときは、遺憾に存じおり候」と政府に訴えている。

しかし、営々と築き上げた自分の事業が、無理やり国に取り上げられるのを怨みに思っている業者が、その後のことまで細かい配慮をしなかったといって、業者をうらむのはどんなものか。また発送電と切り離された配電会社が、ただ小売りにのみ力を入れるのも当然のことである。電気庁ならびに日発の首脳部こそが、業者の当然すぎるほど当然な心理と行動を察して手を打つべきであったのだ。

国策会社日発は何の魔力も持たなかった。もし民間会社なら、藤原商工相以上のあざとい方法で石炭を入手し、何とか停電をくい止めただろう。石炭商から出発した松永は、東邦電力をして日発のようなぶざまな石炭調達を許さなかったであろう。

日発は、もし自前の石炭山を持っておれば、こんな苦境に陥らないと考えた。電気庁も賛成した。機をみるに敏な業者やブローカーがしきりに暗躍する。そして樺太の珍内、内路鉱山、北海道の北陽炭礦を十四年の秋から暮れにかけて買収するが、樺太の方の買収価格が高すぎる。北海道は石炭はあることはあるが、採掘して港湾まで運ぶことがむずかしい。つまり経済性のない山をつかまされたのである。議会はがぜんスキャンダルがあると騒ぎ出した。逓信省高官、つまり藤井崇治電気庁第一部長に司直の手が伸びるとうわさされて、大騒ぎとなった。この問題は刑事事件にまで発展しなかった。しかし日発が総計千百二十五万円で買い付けた山から、同社解体までついに一塊の石炭も発電所のボイラーに投げ込めなかったのである。

こんな状態だけに、十三年十二月に発表された日発設立趣意書「優に初年度年六分、次年度より六分五厘、四年度以降七分を、政府の配当保証をわずらわさず配当する方針を堅持するをもって、当会社の株式は単にこれを投資の目的としてみるも、もっとも確実」との公約はたちまち破られた。最初の十四年上期（四～九月）は自力で四分配当したが、次の下期は七百七十万円の損失を計上し、四分配当を維持するのに二千百二十万円の政府補給金を仰がざるをえなかった。株価は額面を割った。

十五年四月一日、本店大食堂で開かれた日発創立一周年記念式は当然しめっぽかった。増田総裁は、「有機的な連繋を生命とする統制経済組織の中にあって、わが社のみがその形態を採っても、全体がそうなっていなければ効果は薄いのみか、ある場合にはかえって困るということも生ずる。たとえば他の物資は一応価格の統制が行なわれているとはいうものの、大概その価格は高騰し、業績は順調で、中には軍需景気を謳歌しているものさえある。しかるに電力は料金を据え置いているから、政府の補助金を仰がねばならぬ窮境にある。そのことのみをとらえてわが社運営の是非を論じる世の識者といわれる人びとの言動に対し、私は遺憾の念を禁じえない」と泣き言をいう（増田総裁は翌十六年一月、責任を取らされ辞任する）。

だが、大和田逓信次官はドン・キホーテの如く意気高らかに、「私はこの大渇水というのは、電力国家管理というものを天下に広く、強く、正しく知らせるために天が下し賜ったものと思う。こういうことでも見せてやらなければ、大勢の者は電力管理の真の意義がわかるまい。――人生は闘争である。闘争なきところに前進がない」と闘争の哲学を説いて、しょげている日発人を励ましたつもりであった。

最後の抵抗

日発発足一年間の実績を分析すれば、そこには国営企業に内在するすべての問題点が露呈している（日発の戦中時の総括的評価は次章で行なう）。しかし政府、日発は国管体制をいまさら覆すことはできなかった。現状は何らかの打開策を求めている。何か手を打たざるをえない。

政府と日発はうまくいかない責任を、国家管理体制そのものに置かず、石炭統制の未完成と電力統制の未徹底に帰する。つまり統制の矛盾を、統制の拡大で解消しようとした。統制は統制を生むのである。

大手炭鉱の販売カルテル「昭和石炭」に代わって「日本石炭株式会社」が設立され、全炭鉱から一手に石炭を買い上げ、政府の補助金によって安く需要家に売ることになった。

一方、電力はこれまで日発の範囲外であった既存の出力五千キロワットを超える水力発電設備を、日発が強制買収する。また、ばらばらの配電会社を九社に統合した上で、国の管理を強化しようということになった。いわゆる第二次電力国家管理であり、その意図は、村田省蔵逓相によって十五年八月に開かれた官民懇談会で示され、九月二十七日の閣議で「電力国策要綱」として正式に決定された。

第二次電力国管は、電力業者にとって何とも承服しかねるものであった。彼らに残された唯一の資産、水力発電所を取り上げ、彼らに残された唯一の仕事、配電事業をきびしい国家管理の下に置くものであり、私企業としての電力業の消滅を意味するものである。もっとも、国策に楯つくのはいちだんとむずかしい情勢であった。

当時は新体制をスローガンとした第二次近衛内閣の時代であり、電力国管に抵抗してくれた政友、民政などの政党が相次いで解党し、大政翼賛会に合流しつつあった。しかし、最後の抵抗が試みられた。これまでと同様敗北に終わったが、しかし抵抗はしたのである。

第二次国管の推進者村田逓相は大阪商船出身の実業家である。第一次国管に当たっては関西財界の先頭に立って反対した人である。しかも関西財界こそ電力国管の被害を最大にかぶっている。しかし太平洋戦争開戦を翌年にひかえた政治、軍事情勢下で、しょせんは統制強化以外に手の打ちようはなかったであろう。

村田逓相は、第一次電力国管の責任者大和田逓信次官に勇退を求め、後任に逓信省とは因縁のない大蔵官僚の山田龍雄を据える。

そして増田日発総裁の後任に日本電力の池尾芳蔵を決め、十六年一月十五日に交代する。池尾も第一次国管に当たっては電気協会会長として真正面から反対した。しかし、彼もまた時勢のやむべからざるを知り、大阪商船で同じ釜の飯を食べたことのある旧友村田を助けるつもりになったのであろう。卸売り専門の日本電力としては、水力発電所をとられてしまっては何も残らず、大同と同様、社を挙げて日発に入り込むより手はなかった。

東邦電力の松永社長は、これまで国管反対の第一線に立たず、むしろ謀将として動いていた。しかし小林一三、村田省蔵らが政治家に転じ、大同、日本電力もまた日発側に加担してしまった以上、松永は否応なしに反対運動の真っ先に立たざるをえなかった。もはや五大電力のうち東邦以外は当てにならなかった。

ただ、今回は土着の資本で築いた水力発電所をとられる地方業者が熱心に反対運動に加わった。東信電気の浦山助太郎、長野電気の小坂順造らであり、貴族院議員の小坂は、貴族院の場をかりて強く反対した。

十五年の十一月二十二日、電気協会関東支部長浦山助太郎が開いた関東電気供給事業者大会で、松永は激越なる政府批判演説を行なう。

「現状のままでも、その運用のよろしきを得れば結構やっていける。いわんや国家総動員法の下、

村田省蔵

政府の監督権が極度に発揮できる現在、ことさらかようなことをする必要はない」

「電気事業会社の財産四十億円から、日発が十三〜十八億円を吸収し、残された財産の中には配電もあれば電鉄もある。それがバラバラにされては有機的に動いている経済機構は破壊される。かかる子供の火遊びには固く反対せざるをえない」

「電話事業を見よ。日本の電気供給事業は米国の次で、独、英よりも発達しているのに、官営たる電話事業は、西洋各国より劣っているではないか」

「日発をよくする方法は民有民営に戻す他はない。国営の欠点は何か。一言にすれば事業の生命たる創造の精神を欠き、敏速果敢に仕事を取り運ぶことのできない点にある。生きた例は日発である。特殊会社のだらしなさ加減は日発くらいで止めをさしてもらいたい」

このアジ演説は大成功だった。関東の硬化した空気は関西にも響き、電気協会は東西の業者呼応して第二次国管反対の決議をした。

財界も当時、自由主義経済体制を守るため必死の防戦をしていた。新体制ムードに乗って企画院では審議室長秋永月三（あきながつきぞう）陸軍大佐の下、毛里英於菟（もうりひでおと）、美濃部洋次、迫水久常らの革新官僚は「経済新体制要綱」を練っていた。当初の案は「商法を改正し、資本と経営を分離し、企業の公共性を確立し、経営担当者に公的性格を付与する」とあり、まったく笠信太郎の『日本経済の再編成』の引きうつしであった。

ただ、笠案は下からの自主的統制組織としてのカルテルを主張しているのに、企画院案は政府の上からの指導で統制団体をつくらせ、企業の役員の任命、企業の分割、統合にも政府が関与できるというものであった。

財界は恐怖した。財界出身の小林一三商工相は、この要綱が閣議決定されるのに強く抵抗した。憂慮した郷誠之助は十五年十二月四日、星ヶ岡茶寮に池田成彬、結城豊太郎、中島久万吉など財界首脳を集め、日本経済連盟会、日本工業倶楽部など七団体名で「経済新体制に関する意見書」をまとめ、七日朝に近衛首相に直接手渡した。意見書は革新の行き過ぎを警告し、正当な利潤を生産力増強の要素として認め、企業の所有と経営は原則として不可分たるべきこと、政府は原則として直接経営に介入せず、もっぱら大局的指導、監督に止めることを主張している。

結局「経済新体制確立要綱」が閣議決定したのは、財界が申し入れした七日の午後で、内容も企画院原案とはかなり変わっていた。「資本と経営の分離」は「資本、経営、労務の有機的一体」に変わり、財界の要望する「企業をして創意と責任とにおいて自立的経営に任ぜしめ」る基本方針が受け入れられた。そして、「企業は民営を本位とし、国営及び国策会社による経営は特別の必要ある場合に限る」と明記された。財界の反撃は一部成功した。

財界は、時期を同じくした第二次電力国管にも反対してくれた。日本経済連盟会、日本工業倶楽部など七団体が政府に反対を申し入れた。政府は電力については譲歩するつもりはなかった。しかし財界、業界の反対で議会審議がもめるのを恐れて、第二次国管の関係法案「配電管理法」「配電株式会社法」「電力管理に伴う社債処理法改正」「電気施設法」の提案は見送り、日発法改正案のみを十六年一月、議会に提出した。この改正案は日発に対する租税の減免と、従来、年四分の政府配当保証を六分に引き上げるというもので、これだと反対が少ないとみたのである。

あとは議会の可決を要しない国家総動員法による勅令でやってしまう作戦だった。折りから総動員法のいっそうの強化をねらう改正案が並行して可決成立し、第二次国管の露払いをした。ここでも、電力国管は総動員法と離しがたい関係で結ばれたのである。

政府のこの作戦は成功し、日発法改正案は三月、貴衆両院を通過したが、貴族院では小坂順造からのきびしい質問を避けることはできなかった。

「政府の当路者は、電気は空気の如く、水の如く豊富低廉にする。出資者には六分の配当をする。株価は六十円以上にかならずなるといった。その政府の公約はことごとく裏切られた」「しかるに政府は、一に渇水のため、二には各務鎌吉君（東京海上会長、日発設立委特別委員長、十四年死去）のような緻密な人が計算したのを政府が信用した結果であると、ものをいわぬ太陽や各務さんに責任を負わせ、いっこうに責任を感じていないように見受けられる。かようなことは、今日の如く政府が絶対権をもって指導する場合に、はなはだとらざる形ではないか。まずかったら、まずかったと、はっきりいうがよい」

しかし日発創立に関係した逓信官僚は、昇進したり、民間に天下りしたりしているので、「せっかくの質問も的なきに矢を放つの感があり、受ける方も切実な責任は感じなかった」と『日本発送電社史』が評している。

さて、政府は十六年四月、勅令で電力管理法施行令を改正、水力発電所を中心に強制出資命令を発令した。また東北開発のための国策会社、東北振興電力を、地元の反対を押し切って十二月に吸収合併した。こうして十七年上期末の日発の発電設備は水力三百九十五万五千キロワット、火力二百四十六万六千キロワットとなり、水力では全国の七〇％、火力で六〇％を握るマンモスのような国策会社日発が完成した。

一方で十六年八月、勅令による配電統制令が公布され、これにもとづいて配電事業の全国九社への統合、配電会社の国家管理が強行された。新しく生まれる配電会社も、日発と同じく、①首脳人事の政府認可、②電力料金の政府決定、③事業計画その他の政府認可と、がんじがらめにされてしまった。かくて自由企業の息の根はとめられた。

惜別

昭和十六年十二月八日、日本は太平洋戦争に突入した。緒戦の勝利に日本国民は有頂天になり、軍部は誇らし気だった。電力国管は、巨大な生産力を擁する米国と戦う以上は当然のこととみなされた。そんな雰囲気の中で、民間電力会社は相次いで解体していった。

　第一次国管では大同電力が日発に全面合体したほかは、東京電燈と東邦電力は中小配電事業を系列下に収め、残された配電事業の強化に努めた。また軍需工業、化学工業など新分野への転進を図った。東京電燈が日本軽金属を設立し、アルミニウムに進出したのが、その一例である。

　しかし、今回は配電も取り上げられることになった。そこで、東京電燈はその全資産をひっさげて新設の関東配電へ解消し、宇治川電気は翼下の子会社群を残して関西配電に解消した。配電の弱い日本電力は日電興業と改称し、航空機、特殊鋼、軽金属、石炭の子会社を翼下に収める持株会社となった。もちろん電力事業とは縁を切った。

　信州の小坂財閥の主力企業信越化学と長野電気のうち、後者は梓川（上高地）、関川など優良水力発電所が強制買収されて解散した。しかも信越化学の自家用として完成したばかりの志久見川発電所までが、十六年十月、六百万円で買収された。

　この発電所は当時、日本一の低コスト発電所といわれたもので、これを取り上げられた小坂順造は「泣くに泣けぬ気持ちだった」と戦後述懐している。順造はこの年、重い中風をわずらう。実弟の小坂武雄（元信濃毎日新聞会長）は、中風の原因はもっぱらこの時の憤激のせいにしている（そして順造が病気のため政治から手を引いたが故に、戦後追放をまぬがれ、最後の日発総裁になり、松永と対決することができたのである）。

だが、もっとみじめだったのは松永安左ェ門であったろう。その東邦電力は営業地盤が中部、九州、四国、関西に分散し、東京電燈のように一つの配電会社の主導権を握ることができなかった。加えて東邦重工業、大日本兵器、ラサ工業、興亜産金鉱業などの子会社の業績も振るわなかった。もはや、野垂れ死するしか残された途はなかった。

関東電気供給事業者大会で激しい政府批判演説をした十五年十二月二十二日の少し前十一月十三日に、松永は昭和三年五月以来十二年余にわたって占めた東邦電力社長の座を、一子夫人の兄竹岡陽一副社長に譲り、会長に退いた。翌十六年八月には代表権を返上した。

したがって東邦電力が十七年三月五日の臨時総会で解散を決議し、同四月一日、全国で九つの配電会社が生まれたちょうどその日に解散した時、全従業員に別れの辞を述べたのは松永でなく竹岡社長であった。しかし、その言葉は〝破壊的〟革新勢力に押しつぶされた東邦電力と松永の怨念をありありと映すものだった。

「不肖陽一、わが東邦電力社長の栄職に就いてより、わずか一年五ヵ月にして、たまたま電力会社の一大転機に際会す。わが社運を隆盛ならしむるため、各自熱誠を以て忠勤を励み来りたるわが社同人は、今やまさに、その母体ともいうべき経営事業自体が解体せられんとするをみては、いささか感慨なきを得べざるべし。ほとんどその生涯を電力事業と共に終始したる不肖としては、敬愛する従業員諸君と訣別せんとするに際し、まさに骨肉別離の悲哀にもまさる心情ありとなすも過言にあらざるべし」

「この機会にのぞみ、敬愛する従業員諸君になお一事を望むは余の儀に非ず。去る十二月八日以前にありては、個人主義あるいは自由主義の打倒を目的とする破壊的勢力を以て、これを新体制と自負する者ありしも、あるいは許さるべきことなりしならむ。されど十二月八日以降は然らず。方今大東亜共栄圏の体制成るに及びては、すでに破壊の時期は去りて建設の時代に入りたるを知らざるべからず。今日の新体制とは破壊の旧態を脱し、まさに新進気鋭の気迫を以て建設に一意前進するを指していうなり」

「わが社同人諸君は破壊の後に来る建設の新体制に即応し、いかなる世代においても、はたまたいかなる環境に身を処すとも、倍旧の忠勤と熱誠を傾倒し、邦家に貢献せられんことを望む」

「解散に当たりて惜別の情に堪えず。いささか蕪辞を連ねてはなむけとす。願くば不肖の微衷を了察せられんことを」

参考文献

▽『日発史』▽『顚末』▽田中洋之助『日向方斉論』ライフ社、昭和五十年▽藤原銀次郎述『回顧八十年』河出書房、昭和二十七年▽『電力国管の裏話し』▽『日本発送電社史・業務編』＝以下『日発業務史』と略＝日本発送電、昭和三十年▽中村隆英『日本の経済統制』日経新書、昭和四十九年▽『経済団体連合会前史』経済団体連合会、昭和三十七年▽『日本工業倶楽部五十年史』日本工業倶楽部、昭和四十七年▽三宅晴暉『日本の電気事業』▽『小坂順造』小坂順造先生伝記編纂委員会、昭和三十六年▽『東邦電力史』

第2章　雪と炎

戦時経済体制

終戦直後、米国戦略爆撃調査団がつぶさに調べ上げた報告書「戦略爆撃の日本戦争経済に及ぼせる諸効果」は、次のように冷たく断定している。

「日本の経済的戦争能力は限定された範囲で短期戦を支え得たに過ぎなかった。蓄積された武器や石油、船舶を投じて、まだ動員の完了していない敵に対し痛打をあびせることはできる。ただ、それは一回限り可能だったのである。このユニークな攻撃が平和をもたらさない時、日本の運命はすでに決まっていた。その経済は米国の半分の強さを持つ敵との長期戦であっても支えることはできなかった」

しかも米国は、その巨大な生産力をさらに伸ばす努力を払ったのに、日本は緒戦の勝利に酔い、長期の消耗戦に耐える生産力の拡充を怠った。正確にいえばやれなかったのである。調査団はまさに開戦初年度の昭和十七年に、日本が兵器工場への投資を減らすにまかせた事実に一驚している。

日本は、その乏しい生産力を統制によって効率的に活用しようとした。昭和十六年九月に総動員法にもとづいて施行された「重要産業団体令」は、ほとんどの産業を業種別の統制会に結集し、一元的に統制しようというものであった。そして統制会の会長は、対内的には唯一の意思決定機関であり、対外的には統制会の代表権を一手に握り、総会は会長の諮問機関に過ぎなかった。つまり会長はナチスの指導原理にもとづく、各業界の指導者にほかならなかった。

だが、民間人の会長に実際にそんな独裁権を振るわすほど、官僚も軍部も寛容ではなかった。まず統制会が商工省や農林省などの主管争いで発足が遅れ、発足した統制会もまったく陸海軍に振りまわされた。当時、電気機械統制会会長を務めた安川第五郎（やすかわだいごろう）は、「会長は業界の大臣だからといわれてとうとう腰を上げた。ところが、やってみると陸海軍の命令一下、大臣どころの騒ぎではない。軍の属僚に成り下がった」と述懐している。

ひどいのは陸軍と海軍の対立であった。もちろん、軍人たちは民需にいささかの顧慮もなかった。そして、圧倒的に軍需に向けられた物資を陸軍と海軍で奪い合った。日本では軍隊の統帥権は国務から独立し、首相といえども介入を許さなかった。そして統帥権は、日本では陸軍、海軍が別々であった。首相ですら調整できない陸、海軍の対立を、どうして統制会如きが調整できよう。そこで物資はほぼ陸軍と海軍に折半された。そうでもしないとおさまりがつかなかった。そうなると、陸海軍とも当面必要でないものもかかえこむケースも少なからずあった。

必要なものを、緊急に必要な部門にまわすという統制の本来の目的は達成されなかった。統制は優先度をはっきり見定め、それを的確に配分するためのリーダーシップを必要とする。日本にはそれがなかった。統制経済がたいへん好きだった軍部自身が、統制を乱してしまったのである。

東条英機首相も、この状態を見過ごすことはできなかった。そこで十八年十一月、企画院と商工省を統合して軍需省を設立し、航空機を中心に陸、海軍の軍需の統合を図ったが、対立はおさまらなかった。同時に十月に「軍需会社法」が制定され、日発を含む全国で六百の重要会社は国の直接統制を受けることになった。経営者は「生産責任者」という名の無給官吏となり、従業員は全員徴用となり、勝手にやめることは許されなくなった。生産責任者の命令は絶対で、これをきかない者は刑事罰を受ける。しかしその生産責任者に対して、政府は介入権と懲罰権を持った。その代わり経営の赤字は政府が補償してくれることになった。

それでも物足りない軍部は、とくに航空機生産を国営化しようとし、とうとう二十年四月に中島飛行機を「第一軍需工廠」として国営に移す。行くところまで行かなくては、おさまりがつかなかったのである。

航空機業界のトップ、三菱航空機にも国営化の圧力がかかったが、三菱本社社長の岩崎小弥太は強く抵抗する。軍需省航空兵器総局長官の遠藤三郎陸軍中将に対し、「あなたはまだ実業界のことをご存じない。三菱コンツェルンの実力をご存じない。三菱は持っている優秀な人材、持っている資材をあげて、全力で航空機増産に協力している。それを三菱コンツェルンから航空機部門を切り離したらまったく無力になります」と説く。

当時、三菱の飛行機はもっとも安定性があった。新興メーカーの飛行機は故障が多く、乗ると命取りになるというので、パイロットは乗るのをいやがったという話がある。こうした実績を背景にした岩崎の発言は説得力があり、遠藤中将もついに、「国管がよいか、民間がよいか、ひとつ中島と三菱で競争してみてください」と折れた。

かつて財閥批判をとなえ、「満州に財閥入るべからず」といった軍部も、いまや財閥に頼らざるをえなかった。まさに「軍財抱合」を地で行くものであった。それは財閥の実力を身にしみて感得するとともに、経済専門家としての財界人を使わなければ、官僚、軍部では経済は円滑に進まないことを、しぶしぶ認めた結果であった。

右翼テロリストの暗殺リストにのっていた三井の池田成彬は第一次近衛内閣の参議となり、次いで蔵相、商工相を兼務して政治の第一線に足を突っ込む。住友の小倉正恒は第三次近衛内閣の蔵相になった。また村田省蔵は逓相に、小林一三は商工相に、藤原銀次郎は軍需相に就任した。彼らは統制、官僚機構になじまず、かならずしも成功とはいえなかった。しかし統制経済のあまりの非能率に、藤原などはたびたび行政査察使にひっぱり出され、軍部、官僚も経営専門家としての藤原の直言に耳を傾けざるをえなかった。

藤原査察使が慨嘆したのは、民間経済人が統制によって骨抜きにされてしまったことである。「軍人や官吏は（経済についての無知の故に）なお許すべきであるが、もっとも驚くべきは民間会社の人たちで、平時にあっては細かい収支や原価計算に目を放さない社長、専務も、戦時になってからは軍人などが上に立ち、そういう人たちが経済に無関心なので、いつか経理は閑却され、用いられもしない意見を出してきらわれるより、軍人たちに迎合するようなことをやっている方が、万事好都合と考えるようになってしまった。経理の無視がどれほど軍需生産を腐敗せしめたかわからぬ」と語っている。

軍に終始協力的だった新興財閥日産コンツェルンの総帥鮎川義介の次の発言は教訓的である。

「ソ連ほどの徹底した統制をやって、きかない奴は殺してしまうくらいの勢いでやったら成功していたと思う。それができぬくらいなら、われがちにやる自由主義の方がましだった。統制を研究した人はいる。けれども統制を掌握し、それを押し通した人はいなかった。官僚にそれだけの精神力がなかった。だから、日本は戦争中も統制はやっていなかったということだ」

したがって軍部を利用し、あるいは利用されつつ、戦争をテコとして、日本経済を革新しようとした試みは、いかに馬鹿げた、非現実的なものであったか。それが誠実な動機であればあるだけ、悲劇的よりも喜劇的である。

「堕落せる自由主義、資本主義、ユダヤ支配」の米国の方が、まだしも計画的、能率的に戦争経済に対応していった。その際、一九三〇年代の大恐慌克服のためのニューディールの諸機関は大いに役立った。たとえば労働力動員に連邦社会保険局、国防上必要な道路、住宅建設に連邦公共事業局、軍需産業の拡大に復興金融会社、電力統制に連邦電力委員会、そしてニューディールの目玉商品ＴＶＡは、その豊富な電力を供給して原子爆弾づくりに一役買い、日本撃滅のキメ手となった。あえていうならニューディール政策は恐慌対策としてよりも、戦争動員の方により効果的だったのである。

戦争下の日発

日本の戦時統制経済は失敗だったが、つとに国営にふみ切った日発の場合はどうだったか。電力の「豊富低廉」な供給という公約は果たされたのか。

まず「豊富」という点を吟味してみよう。太平洋戦争における日米の経済動員の決定的な差異は、米国が国全体の生産力の拡充、つまり国民総生産（ＧＮＰ）を伸ばすことによって軍需の増大を図ったのに対し、日本はＧＮＰの拡大よりも既定水準のＧＮＰの配分を変え、民需を極端に抑制して軍需をふやしたことである。生産第一主義に対する配分第一主義といえようか（戦後日本の革新政党の経済政策の発想と似ている）。

電力においても、発電所の建設テンポは電力国管下になって、かえって鈍った。日発創立以来、終戦年度までの実績は水力五十九万六千キロワット、火力四十五万四千キロワット、計百五万キロワットが開発されたが、年平均にすると十五万キロワットで、民営時代の昭和五〜十三年の年平均三十三万キロワットの半分以下である。しかも、日発時代の開発は民間会社からの継続工事が大部分である。それに、広田内閣の頼母木逓相が言明した「電力国管の具体案がまとまるまで新規の電気事業の認可はいっさい留保する」との開発モラトリアムは失敗だった。

米国戦略爆撃調査団が「なぜ日本は戦時中、水力電源をいっそう開発しなかったか」「なぜ日本は軍需産業に水力電気の利用を普及させて石炭需要を緩和しなかったか」と不思議がったのも無理はない。日発は政府の建設命令にもとづいて電源開発を進めるのだが、官庁のぐずぐずした折衝が長びき、しかも逓信省電気庁（のち軍需省電気局）の実力では、軍部を向こうにまわして建設資材を獲得することは容易でなかった。受ける日発も事なかれのお役所仕事となり、身を挺して建設に取り組む気概もなかった。

米国の反攻激化とともに「航空決戦」が叫ばれ、日本は航空機増産に乏しい経済力のすべてを注いだ。当時、航空機一機の完成に二十五万キロワット時の電力が必要だった。電源開発が進まないのなら、さぞかし電力は不足したと思うだろう。しかし、実際の電力需給は日発発足時の渇水騒ぎのあとは、ほぼバランスがとれた。もちろん民需および家庭のきびしい消費抑制のせいである。それに最重点の軍需生産にしても、生産拡大が思うにまかせぬとあっては、ただ電力消費のみをふやすわけにはいかぬ。

日本の航空機工場は、米軍の潜水艦攻撃で資材入手の途がとざされた上、米国の航空機の爆撃で破壊された。国民も連夜の爆撃で灯火管制を迫られ、電灯をつけようにもつけられぬ状態だった。かくして電力需要は著しく低下した。終戦の二十年八月には発電能力は需要の少なくも二倍を擁していた。

つまり経済力の破壊と国民生活の窮乏のせいで、電力は「豊富」だったのである。

ただ日発人の名誉のためにいうならば、彼らは新規電源開発にみるべき成果はなかったものの、現水準の下での電力利用効率の向上に努め、それはかなりの成果をあげた。しかも、そのための資材に事欠く状態の下で、彼らが目をつけたのは二重設備、遊休設備ならびに稼働率の低い施設で、これを修理・改造して転用、活用を図った。長野県島河原水力発電所の発電機三台中の一台を四国の分水第四発電所の新設に転用したのが、その一例である。

日発はまた民営時代の乱雑な給電機構の一元化に努め、全国的な電力融通体制を築いた。そのための送電線の整備が進められたが、とりわけ画期的なのは九州と本土を結ぶ関門送電線の建設である。本土決戦に備え、北九州重工業地帯の電力確保という軍事的要請もあったが、建設に着手した二十年四月には、もはや日発に提供されるべき資材は何もなかった。

そこで、十万ボルト幹線は七万ボルト八東姫路線の鉄塔と塩尻桃山線の電線碍子を、関門海峡横断の特殊鉄塔は名港富田線の木曽川、揖斐川横断の施設を流用した。重量物の解体と輸送は、空襲激化による混乱で困難をきわめ、ついに終戦に間に合わず、完成は二十年十二月に持ち越された。日発の技術陣は、極悪の条件下で全力を尽くした。それは稼ぎのない亭主に怨み言をいわず、ミミッチく、やりくり算段するケナゲな女房の努力に似ていた。

では「低廉」の約束はどうなったか。これは誠実に守られた。各地ばらばらの料金を徐々に全国均一に変えていっただけで、実質的な値上げはなかった。しかし燃料の石炭の値上がりをはじめとして、電力原価は上がる一方であり、もし原価の高騰を電力料金に織り込んでいたら、国管の初年度から「低廉」の看板をおろさざるをえなかったろう。それを支えるのは国からの補給金であった。

日発への補給金は、それが二十年度で打ち切られるまでの十四期間に、十四、十五、十七、十八年の各上期（豊水期）の四期を除いて、いつも支払われた。その額は合併した東北振興電力からの引き継ぎ分を加えて二億九千七百九十六万円に達し、昭和九年から終戦までに政府が全特殊法人、国策会社に支出した補給金の三割強に達した。

しかも、その補給金も政府が保証した年四分（十六年度から六分）の配当金支払い額にも足りず、巨額を要する固定資産の減価償却は電気庁の査定で削りに削られた。『日本発送電社史・業務編』は痛憤の念で、「元来当社の収入の大宗である電力料金を政府が決定するのであるから、合理的な料金原価との差額を政府が補給するのは当然であるのに、（政府は）補給金の支出に関連して、事々に当社の業務に口ばしを入れ、補給金額を減少することだけを目的として経費支出を抑制し、減価償却費を閑却する傾向さえあった」と記している。

つまり「低廉」な電気は、多額の政府補給金と、日発の経理悪化、資産のくいつぶしによって辛うじて維持された。長続きはできなかった。破局の到来は必至だった。

日発は株式会社である。だから、当初は「官庁の手堅さと民間事業者の発らつたる企業意欲との合作」が期待されたが、結果は「官庁の如く事務を繁雑にして責任の所在をあいまいならしめ、営利会社の如くずるく立回って体裁だけを整える弊」（『日本発送電社史・総合編』）に陥っていたのである。

東邦電力出身の日発理事宮川竹馬（みやかわたけま）は、「電力料金は政府が決定するのであるから、その料金で当社の経営が困難になっても、僕らの責任でないといえばいえないこともないが、それでは重役としてあまり無責任である。が、さりとて何ともなすべき途はない。誠に情ない重役と申すより外に言葉がない」と嘆いている。

企業はみずからの製品の価格決定権を持たず、しかも他で決められた価格が社会的に妥当な経費を償えない場合、たとえそれを補助金で償うとしても、経営の士気はとみに低下せざるをえない。補助金で救済されるなら、どうして血のにじむような合理化努力をする必要があるのか。こうして企業の堕落、退廃が始まる。

さらに昭和十七年四月からの配電統合により、日発と九配電会社のプール計算で料金が決められた。具体的には、日発の配電会社への卸売料金を仮料金として年度末まで決定せず、年度末に各社の実績の数字が出揃うのを待って、各配電会社が政府公約の年七分配当ができるような卸売料金を決めて精算し、一方、日発はこの料金収入を元にして、年六分配当ができるだけの政府補給金の額を決定する。したがって、日発への補給金は実質的には全電気事業への補給金だったのである。

この料金決定方式は、配電会社にも経費削減の意欲を失わせるものであった。合理化に努めても、いっこうに報いられない。むしろ合理化に努めず、経費がふくらむのにまかせた方が、かえって収入がふえるという結果になった。

こうして電気事業全体に無責任体制が広まる。

それは監督官庁の目にも余った。十六年二月の衆議院で、田村謙次郎電気庁長官は日発の経営に触れて、「人の採用面で必要以上に多く、現在の人員も部門によっては必要以上に多く使っている。購買については内部手続きが複雑で、代金支払いに相当の日時を要するので、商人は遅払いを見越して高く売りつけている節もみられる。石炭についても、もっと経済的な貯蔵方法がとりうるのではないか」と批判している。お役人にお役人仕事を衝かれるようでは、世も終わりである。

初代総裁増田次郎が引責辞職したあと、十六年一月に二代目総裁を襲った池尾芳蔵は、役職員の仕事ぶりにあきたりぬものを感じ、財界出身の村田逓相の支援もあって、機構改革と大幅な人事異動を断行する。そして、「国策会社は能率が悪いというが、それはどこからくるか。それは無責任というか、大過なく内輪に仕事をする習慣が根本原因と思う。能率をあげるため組織や制度に改革を加えることが必要だが、根本はいかにしてもこれをやり通そうという強力な熱意が全員にみなぎりあふれていることだ」と説教した。

池尾芳蔵

しかし、お役所仕事をやめさせようとした池尾の努力は当のお役人に妨害される。逓信官僚は村田と池尾がツーツーで、重要問題は二人の間で決められ、それが下に移されてくるのに腹を立て、それは「上剋下」だといって動かない。たとえば池尾は機構改革の一環として理事をふやすことにし、電気庁に申請書を出しているのに、何の音沙汰もない。催促すると個人の履歴について適否を判定中という。したがって、機構改革と他の人事と同時に発表するはずであった理事の発令は二十日も遅れた。官僚のいやがらせである。

新井章治

そして池尾が怒ったのは、日発内部に電気庁に通じるものがいたことである。それは当初の心配、電気庁と日発の二元体制の弊が現われたものである。二元体制は無責任体制となり、社長が一元的に統括する純民間企業に比べて、社務の処理は著しく敏活を欠いた。

剛腹の池尾総裁は、支持者の村田が逓相をやめたあとも頑張ったが、逓信省との仲はとかく意思の疎通を欠き、十八年八月に健康上の理由でとうとう辞表を出した。

第三代総裁は東京電燈の最後の社長で関東配電社長の新井章治が選ばれ、以後、終戦前後の困難な時期を担当する。日発総裁は旧五大電力のうち大同、日本電力、東京電燈の社長が順ぐりに就任したが、東邦の松永だけは逓信官僚によって強く忌避され、初めから問題にならなかった。

逓信官僚は日発法の天下り禁止条項にもとづいて、総裁のイスはあきらめていたが、副総裁のポストは断固守り抜いた。しかも、その人選は逓信省の都合に左右された。副総裁は総裁の女房役であり、当然総裁が選ぶべきであったろうが、民間人の総裁にその決定権はなかった。

新井総裁は副総裁の件で二回も不愉快な思いをする。新井は増田、池尾の二代に仕えた小野猛副総裁に留任を希望する。新井にすれば大和田、奥村流の変に元気なのがくるより、温厚な小野の方が当たりさわりがなくてまだましだと思ったのである。しかし、当時の逓信省の主流は電力国管に消極的だった平沢要元次官系であり、大和田系の小野の居心地が悪く、結局、平沢派の荻原丈夫を押しつけられた。東邦電力出の筆頭理事宮川竹馬は副総裁昇格の望みを絶たれ、失望して日発を去る。

しかし電力庁が軍需省に移管されて電力局となり、次官椎名悦三郎が主導権をにぎると、電力局は大和田派の牛耳るところとなり、荻原は新井総裁が「任期中はやめさすわけにはいかぬ」と反対したにもかかわらず、荻原自身から「役所に楯つくと、どんなひどい目にあわされるかわからない。たのむからやめさせてくれ」と泣きつかれる。結局、二十年九月に大和田派の藤井崇治が副総裁となる。

日発が最大限の仕事をするのにふさわしい人物を選ぶべきなのに、官僚のポスト確保を第一義とし、あまつさえ省内派閥の争奪の的にする。しかも、その時期は祖国日本が敗れつつあった非常の時である。国の存否より、みずからの派閥の維持を重しとする逓信官僚の行動は、ただあきれるばかりである。


当時の日発の経営者が、戦後に比べて楽だったことが一つある。労働組合の圧力がなかったことである。十四年十一月に「発送電産業報国会」が結成され、本店、支店などの会社機構に応じて、それぞれ部隊、大、中、小隊の軍隊的組織がつくられ、大いに産業報国精神を高めた。

もっともこの産報も、戦争の激化に反比例して不活発となり、当初さかんだった戦意昂揚のためのミソギなどの神がかり行事も次第に行なわれなくなった。ただ、大日本産業報国会を通じて配給されるわずかな勤労者生活物資の受け取り機関の役割だけは評価された。それでも戦時下のひどい生活環境の中で、従業員はただひたすら電源を守って働いた。

こういう人びとが、こういう仕組みの中で、戦時下の日発を運用していたのである。

生きざまをみよ

近衛文麿と松永安左ェ門の出会いは古い。大正八年、衆議院議員としてブリュッセルで開かれる万国国会議員商事会議に出席するためパリにきていた松永は、第一次大戦の講和会議の日本全権西園寺公望の随員近衛と会う。人並みはずれて遊心のさかんな二人が遊びまわったことはいうまでもない。

二人はロンドンのテームズ河畔にある赤レンガの家に出かけ、それぞれ美人をみつけ、以後数回通う。ある時、二人は女に次の金曜にくることを約束する。その日松永が近衛を誘いにいくと、近衛は「行きたくなくなった」とことわる。松永一人が出かけると、近衛の相手の女性は違約を責め、「日本のプリンスはウソつきだ。英国の貴族は決してこんな卑怯なウソはつかぬ。私はコノエのために約束を全部断って待っていたのに、もう二度とコノエに会わぬ」と怒る。

松永は、この女の怒りにまったく同感する。実は近衛はこの女が鼻につき、その夜は他の女のところに行っていたのである。それならなぜ、その気もないのに、調子よく次に会う約束をするのか。松永はこの時、「この人はいかん。この人はとうてい正直な人じゃない」と判断する。

松永は帰国後、近衛と接触せず、その華々しい政治活動を見守る。新体制運動、大政翼賛会等々、すべてあちこちに良い顔をみせ、そのため近衛を信じてついてきた人びとをいつも裏切った。これはロンドンの高等売春婦をだました手口と同じである。そして近衛は、その首相時代に革新風に浮かされて電力国管をやってのけた。松永は「やっぱりあんな男だったのだ」と自分の判断の正しさをもう一度確認する。

だが東条英機を代表とする軍部に敗れ、第三次近衛内閣を投げ出し、ついに望まぬ太平洋戦争に日本が突入するのを見守らざるをえなかった失意の近衛は、なぜか松永と会いたがるようになり、交友関係が復活する。しかし二人はもう老人である。もっぱら茶会をたのしんだ。遊んだだけではない。十七年一月二日の夜、熱海の内田信也の別荘で、近衛は内田、松永、山下亀三郎に、緒戦の勝利にのぼせ上がっている日本を憂え、翌日伊豆・堂ヶ島の松永の別荘で、松永に三国同盟、日米交渉のいきさつをつつみかくさず語った。近衛はなぜ松永に心を許したのか。

近衛は意図せざる日米開戦の原因を自己流に分析し、結局自分はだまされていたという結論に達する。近衛は二十年二月十四日に上奏文を提出して天皇に次のように訴えた。

「軍部一味が（満州）事変の目的は国内革新にありと公言せるは有名な事実に御座候。これら一味の革新のねらいは必ずしも共産革命に非ずとするも、これを取り巻く一部官僚及び民間有志（これを右翼というも可、左翼というも可なり。いわゆる右翼は国体の衣を着けたる共産主義なり）は意識的に共産革命にまで引きずらんとする意図を包蔵しおり、無知単純なる軍人、これにおどらされたりとみて大過なしと存じ候」

「このことは過去十年間、軍部、官僚、右翼、左翼の多方面にわたり、交友を有せし不肖が静かに反省して到達したる結論に御座候。不肖はこの間二度（三度？）まで組閣の大命を拝したるが、国内の相剋摩擦を避けんため、できるだけこれら革新論者の主張を取り入れて、挙国一致の実を挙げんと焦慮せる結果、彼らの主張の背後にひそめる意図を充分に看取する能わざりしは全く不明の致す所にして、何とも申し訳なく、深く責任を感ずる次第に御座候」

そして近衛にとって痛かったのは、昭和研究会が「一味」の巣だったことである。尾崎秀実はゾルゲ事件で死刑となり、笠信太郎は欧州にのがれ、三木清は獄につながれた。「民間有志」だけでなく、革新官僚の巣、企画院の官僚が続々ひっぱられた。和田博雄、稲葉秀三、佐多忠隆、勝間田清一、正木千冬、和田耕作らの面々である。

「これら革新論者」たちは、かねてから彼らをうさん臭いとねらっていた平沼騏一郎を代表とする観念右翼（革新右翼に対する）、反動的司法官僚、内務官僚にかり立てられたが、かつての保護者近衛はもちろん助け舟の手をさし伸べなかった。むしろ反東条の近衛に近いことで、憲兵および特高警察の餌食となった。彼らの失敗は頼むべからざる人を頼んだことである。

だが逮捕された企画院官僚は和田博雄（逮捕時は農林省調査課長）を除いていずれも高等文官試験合格のエリート官僚でなく、民間調査機関などから引き抜かれた人たちだった。革新官僚の花形だった岸信介ら生粋の官僚は要領よく立ち回り、へまはしなかった。

わが大和田、奥村両人もうまく立ち回った。大和田は逓信次官をやめて日本曹達社長に天下った。奥村は情報局に次長として入り込んだ。奥村次長は陸軍報道部長松村秀逸と組んで、今度は言論統制に乗り出す。その一つが新聞合同案である。

昭和十六年九月に発表された「新聞共同会社」案は、①全新聞社の発行権、有体財産を新会社に帰属させ、出資分に相当する株式を新聞社に交付する、②現存新聞社はすべて改組し、現業重役と幹部社員のみで法人を組織し、共同会社の委託を受けて従来の題号の新聞を発行経営する、というもの。まったく電力国管案とそっくりで、歴史ある新聞が日発の下の配電会社並みの地位に転落するものであった。

新聞連盟理事会の席上、虎ならぬ陸軍の威を借りた奥村は「国論統一が必要な時である。私はこの案の実現に職を賭して、などとはいわない。死を賭してもやってみせる」といい放った。だが読売新聞社長正力松太郎は「奥村君の熱意には敬意を表する。しかしあなたが生命をかけても実現させるというなら、わたしも生命をかけても反対する」と反論した。中小新聞および同盟通信の古野伊之助(ふるのいのすけ)が賛成したが、読売の正力、朝日の緒方竹虎、毎日の山田潤二の結束はついに乱れず、この案は流れた。もっとも「死を賭した」はずの奥村は死ぬこともなく、相変わらず言論抑圧に持ち前の精力を尽くす。情報局は雑誌『中央公論』と『改造』をつぶした。

大和田は戦後も日曹社長を務め、奥村も東陽通商社長として成功した。両人ともあれだけ「利潤排撃」を口にしながら、どうしてどうして、お金もうけも結構うまかったのである。

戦況は日に日に悪化し、本土は空襲にさらされる。松永は埼玉県入間郡柳瀬村（現所沢市大字坂之

松永安左ェ門が戦争中閑居した柳瀬山荘内にある「黄林閣」〔上〕と茶室「斜月亭」〔下〕
(2021年 4 月 8 日撮影)

下）の山荘にひそみ、殊勝気にお茶三昧にふける。しかし、そのお茶も不自由になる。

「幸い二度ばかり宇治の葉茶を送ってもらったのがあるから、それを碾（ひ）いてもらう。石臼の目がつぶれ、嫁や女中が十匁を碾き出すのは容易ならぬことであるが、隣りの部屋で夜更けてゆるやかな臼の音のするのは、雪の静かに降るときなど妙に〝かなしび〟といった感じをもよおす」


そして空襲激化とともに一家、知人の疎開で山荘はあふれ、茶室の一つが成増、志木の防衛軍部隊長谷口某に、書斎は海軍無線隊の夜宿に徴発され、冬ごもりの静けさは乱される。

「疎開の道具片づけや防空壕への逃げ込みやら、茶などのサタではないが、それになれて反動というか、騒ぎの一休みというか、妙に茶室に釜をかけてみたくなる。三月に入って雪が降った日は、しとしと降る音が妙に心を動かす」

「盛阿彌（せいあみ）作のおわんに餅や山荘でとれる大根、人参など豊かな色どりを盛る。白いお餅から立ちのぼる湯気は、ほほになつかしく感じられる。中立ちして澄んだ寒気を肌に受けながら、耳をすますと、飛行機の爆音の奥にドラの音がかすかにきこえる。戦時の峻烈さを含んで、それが鼓膜に清冽に響く」（いずれも松永耳庵『桑楡録（そうゆろく）』）

昭和二十年五月二十五日夜、東京は空襲を受けた。小石川の日発本社は多数の焼夷弾と小型爆弾を受けて、百人の消火隊もなすすべはなく、たちまち火の海と化した。何も持ち出せなかった。翌朝かけつけた社員は、ただ呆然と、くすぶる焼け跡を眺めるだけだった。

参考文献

▽アメリカ合衆国戦略爆撃調査団『日本戦争経済の崩壊』正木千冬訳、日本評論社、昭和二十五年▽『日本工業倶楽部五十年史』▽『回想録・上巻』安川第五郎の項▽『日本の経済統制』▽安藤良雄編『昭和経済史への証言・中』▽藤原銀次郎述『回顧八十年』▽『米国の総動員機構』東亜研究所、昭和十八年▽『日本の電気事業』▽J・B・コーヘン『戦時戦後の日本経済・上巻』大内兵衛訳、岩波書店、昭和二十五年▽『日発史』▽『日発業務史』▽『電力』▽『新井章治』▽松永安左ェ門「巴里に遊ぶ近衛公」（松永安左ェ門『淡淡録』経済往来社、昭和二十五年）▽有竹修二「近衛公との対話」▽岡義武『近衛文麿』岩波新書、昭和四十七年▽『軍閥』▽我妻栄編『日本政治裁判史録　昭和・後』第一法規出版、昭和四十五年▽黒田秀俊『知識人・言論弾圧の記録』白石書店　昭和五十一年▽松永耳庵『桑楡録』河原書店、昭和二十三年

第3章　敗戦

過剰と不足

ここで昭和二十年八月十五日夜の個人的な思い出を語るのを許していただきたい。同日正午の天皇の放送で終戦を知り、疎開先の和歌山県の親類の家の一間で、縁者、知人が集まってこれからの行く末を不安気に語り合った。老人、女、子供ばかりで、どんなとりとめもない話をしたやら記憶にない。ただ、だれかが暗い電灯が黒い布で覆われているのをみて、「もうこんなことをする必要はないのではないか。これから明るい電灯をともせるのではないか」といった時、筆者は平和への喜びが一瞬背筋を走るのを覚えた――そうか、もう空襲はなく、くらやみはなくなるのか。これからの世は暗いばかりであるまい――という実感である。

翌二十一年、大阪に遊学、自炊生活を始めた時、頼りは電熱器だけだった。そして木箱に穴をあけ、そこに電灯をつけたまま差し込み、ふとんをかけると、簡易電気ごたつになることを発見した。しかも下宿先は米占領軍御用の水泳プールに近接し、そこと配電線が同じなため、最重点に配電が確保され、ついぞ停電したことはない。それだけ電気を使って、電力料金の支払いが高いと感じたことはなかった（もっとも近所のやっかみの投書もあってか、関西配電はやがてプールとの配電線を分離したため、以後、一般国民並みの停電を味わうことになったが）。

敗戦で日本は虚脱状態となった。工場はほとんど閉鎖された。家庭用を除けば電力を使うのは交通機関と通信放送機関にとどまった。二十年九月の電力需要は前年同月の三割強にまで低下した。一方、電力の供給力は、大都市の火力発電所の一部が被害を受けただけだった。こうして需給のバランスが崩れ、供給過多となった。

刀折れ、矢尽き、その持てるすべての資源を使い果たした日本で余っているのは、外地から北海道、本州、四国、九州に続々引き揚げてきたためいっそう過剰となった人間と、この電力だけだった。電力という商品は貯蔵ができぬ。その時に使ってしまわなければならぬ。

当時、火力発電所は運転を中止していた。水力だけでも余っていたからである。したがって、日発が火力用に保有している三十万トンの石炭に目がつけられ、政府の要請で生産復興用という名目で他の産業に融通する始末だった。

木炭もガスも、何もない家庭にとって電力は有難かった。残存の軍需物資を利用して、ナベ、カマとともに、ニクロム線の電熱器がつくられ、闇市に豊富に出回った。こうして電力は家庭用燃料という新分野を発見した。全電力需要の一割見当だった家庭用消費は、二十一年には三割にまで拡大した。

人力と電力のほかに、周囲を海に囲まれた日本は海水にも恵まれていた。余った人と電力を使い、海水を濃縮して塩をつくることに目がつけられた。当時塩は不足し、闇値は公定価格の十倍にもなった。商工省は電気製塩施設の設備費の八割を補助してくれるうえ、専売法の特例として自家用の名目で自分で使えることになり、当然、横流しもした。日発は二十年十月に製塩部を設け、全国十一ヵ所で塩づくりに乗り出し、これが刺激となって民間製塩事業が続出した。

当時の技術では一トンの塩をつくるのに四万〜四万五千キロワット時の電力を要し、良心的に専売局に供出していた日発は当然赤字であった。ただ電気製塩による供給増加で、塩の闇価格をかなり抑えた効果は認めなければなるまい。

貯金をはたき、売り食いしていた日本人は、たとえ塩にしろ、ナベ、カマ、電熱器にしろ、物をつくって売らなければ野垂れ死しかないことをさとる。工場は一部分再開し、生産活動が始まるが、工場を動かすエネルギー源としての石炭が不足している。幸い電力が「豊富低廉」である。こうして家庭用に次いで工業用の電力需要が旧に戻ってくる。

こうなると「豊富」はたちまち「不足」に変わる。電力過剰は束の間の夢だった。二十一年八月には早くも電気製塩、電気ボイラーの電力使用が制限され、同年末から電力不足がはっきりしてきた。休止していた火力発電所を運転するにも、貯炭はすでに他にゆずり、新規購入するにもモノがない始末であった。

二十二年二月には最大需要五百二十万キロワットに対し百二十万キロワットが不足し、配電線の緊急遮断もひんぱんだった。とりわけ火力に頼る西日本がひどく、中国、九州は苦しかった。人びとは空襲ならぬ、電力不足による〝灯火管制〟を味わうことになったのである（もちろん、日発は二十三年九月に電気製塩事業を廃止した）。

電力使用が急速にふえたのは、それが豊富だったということのほかに、料金がきわめて安かったことに原因がある。

昭和二十二年七月の東京都で木炭二俵（一俵四貫）の公定価格は百八十二円、闇値は五百円。同じ熱量の電力料金は百五十円――これでは電熱器を使いたがるのも無理はないだろう。他の公定価格と比べても異常に安かった。昭和八年を一として、二十二年七月は石炭が一五〇、精米五二、郵便葉書三三に対し、電灯一二、電力は実に九・四と一ケタであった。

このため工場はこぞって蒸気ボイラーを電気ボイラーに変え、製鋼、製鉄の電気炉がふえた。肥料工業はガス法から電解法に転換した。工業の電化は著しく進んだが、これは電力料金が不当に安い結果にもとづくものであり、『電力危機の実相』の著者平田良勝は、「歪曲された電化」と表現している。

あまり料金が安いと、人は無駄遣いするようになる。工場では生産過程以外の炊事、浴場、暖房に遠慮なく電力を使った。家庭でも電気風呂が広まった。こうして必要以上に電力需要がふえる。

そして一方で、電力料金が安いために供給が減るという現象が生じた。自家用火力発電所を持っている工場は、高い石炭を買って発電所を動かすより、電力会社から買電する途を選んだのは当然である。奇妙なのは石炭鉱山である。自分が掘った石炭で自家発電所を動かすと高くつく。世は電力不足で騒いでいるので、政府が自家発を動かしてくれというと、買電より高い分は日発が補償しろという。こんな勝手な言い分が出てくるのも電力料金が安すぎて、諸物価、とくに石炭とのバランスを失したからである。

価格が不当に安いときは需要がふえ、供給が減り、その商品の流通が不円滑となる。そして資源の合理的かつ公正な配分が妨げられる――との初等経済学教科書の恰好の臨床例であった。

石炭と電力

いかに安くとも、日発がちゃんと経営ができていれば問題はない。しかし、電力料金は火力用石炭費と人件費すら十分にまかなえない状態であった。電力料金と他物価とがさほど開いていなかった戦時中でさえ、日発は政府補給金でやっと支えていたが、進駐してきたマッカーサー司令部（ＧＨＱ）は、ただちに戦時利得の没収・排除に関する覚え書を出し、これにもとづいて国家財政と企業経理との関係打切りが決められ、日発の損失および配当の政府補給金、日発社債の元利支払いの政府保証が打ち切られ、支えを失うことになった。おまけに二十一年十月施行の戦時補償特別措置法で、既発行の日発債の政府保証まで、さかのぼって打ち切られてしまった。

このことは日発の経営方針が百八十度転換せざるをえないことを意味する。赤字をうめる政府補給金がなければ、収支安定のためには電力料金を正当な経費を償う線まで引き上げるより手はない。これで経営基盤が固まれば、政府保証がなくとも社債が発行でき、電源開発も円滑に進められる。

しかし日発が独立採算制を希望してみたところで、電力料金の産業および物価に対する影響力の大きさから、経済安定本部、物価庁はこれを許さなかったろう。商工省ですら、原局の電力局はともかく、他の業界につながる局は、もちろん電力値上げに反対だった。

海外から遮断された日本が持つエネルギー、石炭と電力のうち、石炭は傾斜生産の対象になり、価格面でも優遇された。そして電力は高い石炭を買って、その分だけの値上げを認めてもらうのも並大抵でなく、時期もずれた。電力も二十一年一月（平均値上げ率一・四六六倍）、二十二年四月（三倍）、同七月（一・三六倍）、二十三年六月（三倍）、二十四年十二月（一・三二倍）とかなりの値上げを重ねたが、いずれも戦後の狂乱的インフレに対してつねに低目、かつ後追い的であった。インフレのしわ寄せは、文句もいわず、低料金に甘んじる日発に集中した（ただ、今にして思えば、電力と石炭の価格の当時のアンバランスと、石炭業者の国への甘え、需要家への横柄な態度こそが、エネルギー革命、つまり需要家の〝石炭離れ〟を、世界のどの国よりも急速に、かつ徹底させた大きな原因ではなかったか。その点、日発の戦後の苦闘はいびつな形ながら産業と家庭の電化を促したわけで、電力業界にとってかならずしもマイナスばかりではなかった）。

しかし、シワ寄せを受ける日発の経理状態はあまりに深刻だった。値上げしても石炭代と人件費の上昇にあらかたくわれてしまった。それでも二十二年上期（年五分）と二十四年（八分）に配当したことがある。しかし、このために計上した利益は、利益の名に値しないものであった。電力産業の巨大な固定資産に対する減価償却は定額法で、帳簿価格で実施されたが、狂乱インフレで建設費が数百倍になっている現状では、実際上無償却と同然だった。これでは新規発電所の建設は思いもよらず、現有設備の更新・拡充はもとより、その維持・補修さえ見送られることになった。それはみずからをくいつぶす行為であった。

償却不足はむしろぜいたくな悩みであり、当時は目先の金繰りすら容易でなかった。復興金融金庫はその点有難い存在であり、日発は第一のお得意先となり、設備資金融資として百二十二億五千万円のほか、特別修繕費、料金値上げ遅延に伴う赤字資金、電産争議を政府の仲介で妥結した時の人件費、石炭代支払い資金など、いたれりつくせりの面倒をみてもらった。しかし〝復金インフレ〟の元凶という批判を受けて、復金が二十三年度末で貸出しを停止したのと、配電会社の日発に対する電力料金の支払いが遅れたため、日発は石炭代の支払いができなくなり、配炭公団への未払い債務は巨額となった。実質上の破産である。

これを辛うじて救ってくれたのは電気事業労務者賃金増額に対する政府補給金であり、二十四年七月に日銀と通産省のあっせんで辛うじて成立した市中銀行の十四億円の協調融資、それもできるだけ早く料金を値上げするという条件つきの融資であった。

ただ日発の名誉のためにいうなら、その日暮らしに終わることなく、悪条件の下で、何とか設備の復旧、増設、新設を実行しようとした。幸いＧＨＱは対日援助物資の売却代金として積み立てられた「見返り資金」の借入れを許してくれた。二十四年から日発解体まで、その額は二百六億円に達した。

しかし、見返り資金の導入はＧＨＱに文字通り借りをつくったことであり、ＧＨＱは日発解体に動かぬ日本政府と日発に、見返り資金の融資停止というドスを突きつけて、その決定を迫った。ぎりぎりの資金繰りに苦しんでいた日発には、資金にからませた脅しが実によくきいた。もし日発の経営状態がよく、資金繰りに苦しんでいなければ、日発はもっとＧＨＱに抵抗できたであろう。

いずれにしても日発の解体は、日発側がいうように、米占領軍と、宿怨を含む野心家（松永安左ェ門）の策謀のみによるものではない。日本に残された数少ない資源、大規模水力開発を実行できるのは、日発のような明日の運転資金にも事欠く弱体の企業体ではない。日本の経済再建の原動力をなす電気事業の拡大再生産を図る組織と主体は、別につくられねばならなかった。それは必至の動きであった。

輝ける電産

米占領軍は日本の軍国主義的、封建的勢力打倒のため、日本の労働者の奮起に期待をかけた。マッカーサー司令部（ＧＨＱ）は、日本の労働者の苦闘にもかかわらず、ついに自力で獲得できなかった労働者の団結権を認める「労働組合法」を二十年十二月二十二日に公布させた。

それより前、十二月八日に日発本店従業員組合が結成され、委員長に三浦次郎管財課長、書記長に佐々木良作調査係長を選んだ。組合幹部が中間管理職だったのは御用組合の証拠とみるべきでなく、当時の組合運動は課長級をも含む広がりを持っていたためというべきであろう。本店の動きはたちまち全支店に広がり、翌二十一年一月には日本発送電従業員組合が成立した。

配電会社にも二十年十二月の関西を皮切りに、翌年五月の九州を最後に労働組合ができた。日発と配電会社の経理はプール計算で結ばれている以上、賃上げも共同闘争を組まざるをえない。こうして二十一年四月に日本電気産業労働組合協議会が結成され、それが二十二年五月に日本電気産業労働組合（電産）という単一組織に結実する。

この電産は、日発と配電会社にとどまらず、日本政府と経営者陣営にとって恐るべき存在となり、逆に労働組合、革新政党にとって頼もしい存在となった。したがって、電産の行為一つ一つが政治に巻き込まれることになった。

貴重な自給エネルギー源である電力の供給がストでとまることは、戦後日本の経済復興に致命的だった。しかも電力労働者は、当時中卒以上の学歴が五〇％を占め、八〇％近くは技術系統の仕事にたずさわり、他産業に比べインテリ的性格が濃い。したがって電産が次々にあみ出す闘争手段は理論的、鋭角的であり、政府も経営者も手こずってしまった。

とりわけ科学的と称する「電産型賃金体系」と「電気事業社会化」という斬新な要求は、敗戦で混迷し、新しい理念のないまま、なすすべを知らぬ経営者の先手を取るものであった。

電産型賃金とは、給与額の算定に当たって、まず労働力を再生産するに必要なカロリー量、栄養素を決定して、これらを摂取するのに必要な食物の量と質を規定し、さらにその価格を調査し、そのうえに子供を生み、育てるのに必要な拡大再生産能力給をつけ加えて決めるというもので、まるでリカードやマルクスの賃金論そっくりである。そのうえ、能力給、生産奨励手当などが圧縮され、平等主義的生活給ともいえるものであった。

二十一年秋の労働攻勢の主軸をなした電産争議で、経営者はこの大筋をのまざるをえなかった。この賃金体系は他産業にも広まった。これにともなう大幅賃上げは他産業の経営者にとっては迷惑であり、電力経営者の弱腰が強く印象づけられた。

二十二年六月、追放で総裁を辞任した新井章治は、はえ抜きの電力マンであり、小林一三のおめがねにかなって東京電燈社長を継いだ人物である。彼は復員で一万人を超す職場復帰者を受け入れるとたちまち人員過剰になると判断し、二十年十一月から翌年三月までに五千九百六十六名に及ぶ大量の人員整理を行なうだけの経営者感覚があった。組合結成時のスキをねらったため、何の抵抗もなかったが、以後だれもこんな荒療治はしようともしない。このため日発の人数はふくらむ一方で、二十一年三月末には二万七千人だったのが、二十四年二月末には三万九千五百人にふくらんだ。

新井総裁の後任をだれに決めるか。すでに社内では組合を先頭に天下り重役の排撃がとなえられていた。藤井崇治副総裁が大日本翼賛壮年団副団長の前歴、松本健児理事が陸軍中将のため追放されたあとも、天下りの五名の理事は、組合のしつこい個別攻撃に相次いでやめた。某理事の如きは「私にはたくさんの子供がいる。今やめさせられては食べていけない」と泣きを入れても、組合は聞き入れなかった。この引導を渡したのは電産書記長佐々木良作、その後の民社党委員長である。

こんな空気の中だけに、日発理事会は後任総裁を社内で出す方針で一致したものの、理事会には、それを決めるだけの力がない。そこで課長級の中堅社員が集まって事態の収拾に乗り出した。そして、もっとも民主的な方法は選挙だということになり、三名連記の無記名投票を本当にやってしまう。

第一位が十八票の大西英一、第二位十七票の斎藤三郎、第三位十票森寿五郎、第四位七票桜井督三、第五位五票山本善次の各理事。中堅社員の代表は商工大臣の水谷長三郎に会い、この選挙結果を報告し、この五人の中から総裁を選ぶよう申し入れた。

水谷商工相が選んだのはやはり大西英一であり、のち第三位、第四位の森、桜井が相次いで副総裁に選ばれた。社内がみずから選んだ総裁は、社員受けがよかったのは当然である。それは社内の空気を明るくした。

しかし危機にあえぐ日発の総裁は、時として社員の意にそわぬことも断行しなくてはならぬ。だが、選挙で社員に選ばれた総裁が、そんなことができるだろうか。強い組合に対する弱い経営者という組み合わせで、うまく日発は運用できるのか。しかも弱い総裁は電産にとって

大西英一

望ましかったのかどうか。なぜならGHQと松永安左ェ門を向こうにまわして、日発を守り切るには、組合にも、社内にも強い、アクのある人物が必要だった。そんな人物は決して社員選挙で選ばれなかったであろう。

電産はますます勢威を伸ばし、その要求は企業内組合の範囲を超えた。交渉能力を失った経営者を乗り越えて、直接政府と対決した。相手は保守内閣にとどまらなかった。片山哲社会党内閣の加藤勘十労相であり、水谷商工相であり、ともに社会党員であった。電産は、その指導権を共産党に握られた。共産党はプロレタリアの独裁を認めぬ社会民主主義を攻撃するのに遠慮はしなかった。生産管理闘争、賃金の物価スライド制要求闘争、そして賃上げ闘争――赤字にあえぐ日発は、すべてゲタを政府にあずけざるをえない。

片山内閣の後を継いだ芦田均内閣は、首相を会長とする「電力融資委員会」を設け、電産争議の解決金の復金融資をあっせんした。面倒をみないと停電ストが打たれ、経済の復興を遅らせ、社会の不安に火をつけかねない。日発と配電会社の経営者は当事者能力を失い、政府は見るに見かねて乗り出してきたのである。

共産党の強かった産別会議は、片山、芦田の社会、民主連立政権下の日本経済を分析して、「民主党を主役に、社会党幹部を助手とする資本家の〝焦土戦術〟によって全面的崩壊寸前にある」とみていた。二十二年の二・一ストがマッカーサーの命令で中止されて、一時後退気味だった労組側も、早くも同年秋から攻勢に転じた。そして新しい戦術として地域闘争が取り上げられた。

電産の地域闘争の拠点は、日本における大規模水力開発と長距離送電の端緒となった猪苗代発電所にタムロする電産猪苗代分会であった。二十七の発電所から四十五万キロワットの電力を送電し、当時京浜地区の三分の一の需要を満たしていた猪苗代電源地帯が、組合員千八十名のうち共産党員百六十六名が占める分会の手中にあった。

電産自体は、電源スト頻発に対する社会的批判の高まり、ＧＨＱが組合育成から組合の行き過ぎ是正へ態度を変えたことを映して、その主導権は共産党系の左派から穏健派の民主化同盟系へ移りつつあった。だが猪苗代分会は本部の指令に反して、何回も山猫ストを行なった。

当時、福島県は左右両派激突の地であった。山側では電産分会、海寄りでは常磐炭鉱労組、中央部では国労福島支部が拠点となり、日本共産党福島県委員会と呼応し、先鋭な活動を展開した。二十四年六月三十日には平警察署占拠事件、福島県会赤旗事件が同時発生した。同年八月十七日には松川事件がおきた。猪苗代電源地帯では小さな事故が頻発した。これに対してＧＨＱ側でもＣＩＣ（対敵情報部）が活躍し、田中清玄、佐野博、風間丈吉といった反共人が電源防衛という名目で動いていた。これら諸事件の中には、松川事件のようにフレーム・アップと目されるものがある。また、それに簡単に乗せられた浅はかな革命目前論の誤りもあった。

ＧＨＱの労組育成方針で花開いた電産は、とどまり知らぬ急進化に、ＧＨＱと対立することになり、それが内部分裂を招いて自滅の道をたどる。それに電産が政治にのめり込んだため、日発の経営者は自己の責任で電産を抑え切れず、当事者能力を失っていることを世間に暴露する結果となった。電産、とくに急進派は思う存分あばれまわることによって、みずからの基盤である日発を弱めてしまったのである。

米占領軍

日発は、日本の軍部の強力な後押しで成立した。したがって、日本の軍事力の粉砕を目指す米占領軍が日発を解体の対象としたことは至極当然の成り行きであった。日発は（日本）軍によって建てられ、（米）軍によってつぶされたのである。

敗戦国日本の管理に当たって十一ヵ国が参加するワシントンの極東委員会が最高政策を決定し、それを実行する連合国最高司令官マッカーサー元帥の諮問機関として、東京には米ソ英中の四ヵ国による対日理事会が設けられた。しかし事実は、米国政府とマッカーサーがほとんど独力でとりしきり、他国はいくらか牽制できたに過ぎない。したがって日本経済の軍国主義的要素を除き、これを民主的に再建する方式は米国流に実施された。つまり自由企業体制の確立が終極の目標となった。

しかし、日本経済の再建を担当した米国人の日本認識は、不思議にも日本のマルクス主義、とりわけ日本共産党に直結していた「講座派」の理論とよく似ていた。というよりは日本批判の分析書として米国人が容易に入手できたのは、マルクス主義によるものが多かったし、それを読む米国人の中にもニューディール左派の革新派がいた。

天皇制と軍部と財閥・地主の三位一体たる日本ファシズムを諸悪の根源とみる日本マルクス主義の理論は、それぞれの構成要素の複雑な対立と妥協の動きを軽視することによって、歴史の微妙なヒダを切り捨ててしまったが、それがかえって、人びとにわかりやすく、すっきりした印象を与えた。米国人にとってもそうだったろう。

米国はさすがに天皇制に手をつけるのはためらったが、財閥解体と地主制解体（農地改革）は手きびしく進めた。財閥はみずからを親英米的自由主義分子と目し、戦争の拡大に内心反対していたのであり、戦争に協力したのは日本国民としての義務感からであって、みずから欲したものではないと信じていた。しかしマルクス主義は財閥主導の経済体制が必然的に戦争を招いたものであり、経済の民主化とは財閥をつぶすことであると明確に論じていた。米国人もそう信じた。

東京裁判で東条英機らが戦争犯罪人としてさばかれた如く、経済の戦争犯罪人として財閥と独占企業体がさばかれ、解体を命じられた。その中には日本製鉄、三菱重工業などと並んで日本発送電が入っていた。

事実、日発は東京裁判でさばかれた。二十一年十月、日本の戦争準備を立証する検事側証人として、GHQ経済科学局のジョージ・G・リーベルトが召喚された。リーベルトは、電力事業の国営化が総力戦を支持する新秩序の原点となった、と次のように証言した。

「企画院の生産力拡充計画は四ヵ年で二百六十九万三千七百キロワットの発電力増加を目標とし

た。かかる短時間にこれだけの発電力をふやすには莫大な投資が必要であり、このため発電事業を全体主義的に組織する必要があった。日発は日本の電力資源を戦争機構に連繫するために設立されたものである」

ジョージ・A・ファーネス、デイヴィッド・スミス、ウィリアム・ローガンら腕ききの弁護人は反対尋問に立ち、「日本のとった経済政策は当時世界共通の経済的自然現象である。これをどのように侵略戦争と結びつけるのか」とリーベルトを鋭く追及した。

翌二十二年の三月、弁護側の証人となったのは大和田悌二である。彼はみずからがつくった日発が犯罪人よばわりされるのが耐えられなかった。他の証人のように迷惑がらず、熱情を傾けて日発を弁護した。

「当時の日本は重要物資の輸入も思うにまかせず、その日暮らしの状況に追いつめられていた。そこで一つの方向として、電力を豊富、安価に、安定して供給すれば、多くの品物は輸入しなくてすみ、国民の生活も安定する。このため電力国管を実行した」

「なるほど、電力国管は戦争に役立った。しかしそれは結果論であって、はじめから戦争を目的にやったことではない」

だが、検事団はこれに満足しなかった。翌二十三年二月の最終論告で検事側は、「弁護側証人大和田はリーベルトの結論は間違いであることを示そうとしたが、彼はリーベルトの結論を不可避ならしめるある事実に異議を申し立てなかった。生産の増加は戦争と戦争支持の産業に消費され、民間使用は削減された。したがって、真の目的は戦争に必要な力を得るためであり、正常な経済の利益のためでも、正当な防衛策のためでもなかった」ときめつけた。電力国管の戦争経済への寄与について、連合国の評価はかなり過大であるが、彼らはそう信じていたのである。

もし日本が平和経済に徹するなら、これまで戦争経済にまわしていた電力は不用となる。その分だけ発電施設を賠償として取り上げ、これを日本の侵略を受けた国に配分しようというのが連合国の方針であった。終戦の年の十一月に早くもE・W・ポーレーを首班とする米国賠償使節団が来日、一ヵ月にわたって精力的に日本の産業を調査した上で、十二月七日にいわゆるポーレー中間報告書を発表し、「日本の軍国主義的復活を不可能にし、日本自体の生活水準を低下させることなく」日本の産業から撤去すべき設備として陸海軍工廠の全部、航空機工場の全部、年産二百五十万トンを超す鉄鋼生産能力など十一業種を指定した。その一つに石炭燃焼火力発電所の半分があった。ポーレーの説明によれば「日本における火力発電所は水力発電に対する補充的施設として、現存設備の半分で十分だろう」ということであった。

ワシントンの極東委員会は二十一年四月にポーレー中間報告を検討し、電力について六月十二日に「火力発電所出力二百十万キロワットを超過する部分」を賠償として決定した。東京の連合軍総司令部はこれにもとづいて八月十三日に北海道の江別、関東の鶴見、関西の尼崎第一など二十の火力発電所を賠償指定した。日発の保有する四十四の火力発電所のうち最新鋭のものばかりが選ばれたのである。電力過剰が電力不足に転換しつつあった時だけに、これは日発と日本経済にとって実に痛かった。

政府はもとより経済団体や地方自治体も、そして電産も総司令部や地方軍政部に指定解除を懇請した。しかし賠償問題は最高の決定事項であり、さすがの総司令部も手に余ることだった。その一方で、二十二年一月に米国陸軍省から派遣されたクリフォード・ストライクの調査報告は、ポーレー案では日本の経済的自立は不可能であり、米国の対日援助負担を軽減するには日本の工業力を維持しなければならぬと説き、電力需要の増加を予測して、暗に火力発電所賠償の不可能なことをほのめかした。

米国はこの時、明らかに日本経済をたたきのめすことより、日本経済を温存して、東アジアにおける安定した資本主義勢力に育てる方針に転換していた。火力発電所の賠償はあいまいにされ、いつの間にか立ち消えになった。しかも、賠償指定は操業の禁止をともなうものでなく、必要に応じて運転できた。賠償問題はほとんど実害がなかった（賠償指定が正式に解除されたのは、ずっと遅れて対日講和条約が発効した二十七年四月。その時すでに日発は解体し、解除の通知を受けたのは新しい電力会社だった）。

賠償をめぐる米国の動揺は、明らかに米ソの蜜月状態が終わり、冷戦に突入したことによるものである。それとともに「経済の民主化」という言葉のあいまいさにも原因がある。建て前としての民主化要求の裏には、日本経済を弱体化して、ふたたび米国に武力で楯つくことのないようにしたいという本音があった。

発電所は、日本人を夏涼しく暮らさせるクーラーのエネルギー源であるとともに、原子爆弾をつくるエネルギー源ともなりうる。総力戦時代において平和産業は軍需産業にすばやく転換できる。したがって終戦直後の米国が、日本経済の復興、とりわけ重化学工業の復活に疑いの気持ちを抱いたのは当然である。

米ソの対立激化は米国の日本憎悪の気持ちをやわらげ、解体を迫る企業の数は大きく減った。しかし財閥持株会社と並んで、海外市場において日本を代表した三井物産、三菱商事がＧＨＱの覚え書で解散させられ、日本製鉄、三菱重工業など十一社も分割させられた。吉田茂首相はこれらの措置は、著名財界人の追放と並んで、日本経済の復興を遅らせるものであると、マッカーサーにたびたび抗議した。

しかし結果は、財閥支配から脱却した若き経営者たちは、激しい市場競争の中で世界を驚かす経済成長をなしとげた。いつの間にか日本は〝経済大国〟にのし上がっていた。労働改革、農地改革による労働者、農民の地位向上は日本の企業に安定した国内市場を提供した。経済の民主化は、日本経済を弱体化するどころか、かえって強化した。

日発解体についても、当時は日本経済の弱体化を図る占領軍の陰謀であり、松永はその手先として買弁的役割を演じたとの批判もあった。しかし、たとえ占領軍の意図がそうであっても、結果はそうならなかった。

参考文献

▽『日発史』▽『日発業務史』▽栗原東洋編『電力』▽『電気事業再編成史』＝以下『再編成史』と略＝公益事業委員会、昭和二十七年▽平田良勝『電力危機の実相』（潮流講座経済学全集）潮流社、昭和二十四年▽『新井章治』▽山崎五郎『日本労働運動史』労務行政研究所、昭和四十一年▽「電産鳥瞰図」（『週刊朝日』二十五年九月三日号）▽東京大学社会科学研究所編『戦後改革2・国際環境』東京大学出版会、昭和四十九年▽朝日新聞法廷記者団『東京裁判二輯』ニュース社、昭和二十二年、同『東京裁判六輯』昭和二十三年▽『昭和史の天皇16』

第Ⅲ部

電気事業再編成

第1章　三つの道

社会化案

米占領軍の日発解体要求に対して、日本は三つの道を選ぶことができた。一つは、要求を受け流し、はぐらかし、先に延ばし、ついにはうやむやにしてしまう道である。国際政治情勢の変化で米国の態度は軟化してきたし、しかも電力の独占は、資本主義的独占というよりは、事業本来の性格からくる技術的独占だといいのがれることもできる。日発はもとより政府、保守党、経済界はこの道をとりたかった。現に銀行業界はこの方法で、解体要求をうまくごまかすのに成功したのである。

次は、要求を真正面から受け止める道である。これは松永と配電会社の一部、きわめて少数者が支持しただけである。

今一つは、社会化の道であり、電産が推進者となり、産別会議、社共両党が支援した。これは日発を生んだ右翼的疑似革新派でなく、正真正銘、正統的革新の主張であった。

この動きは国際的な広がりを持つものである。現に連合国側の英仏両国は戦後、社会化の一環として電力産業を国有化した。日本と同じ敗戦国のドイツは、日本と違って米英仏ソの四ヵ国に分割占領された。ソ連は自分の占領地域の大企業から設備を撤去して自国に持ち去り、あとは東ドイツが国有化したのだから、話は簡単である。

しかし英米の間には経済民主化、大企業解体政策に目立った違いがあった。労働党が政権を握っていた英国は、大企業を解体せず、そのままの形で民主化、社会化の道を選ばせようとした。鉄鋼、石炭の大企業について監査役会の構成を労使半々とした共同決定法はその一つの成果である。

資本主義が高度に独占化されることは、とりも直さず、社会主義への物質的基盤をつくることである、というカール・マルクスの弁証法は、英国の労働党をもとらえており、この見地からすれば、大企業を分割細分することは歴史の法則にもとることであった。

しかし米国人は大企業が独占化して自由競争を否定する怪物となった場合、これを分割し、もとの自由競争に戻すことが正しいと考え、アダム・スミス流の理想的市場競争を信仰していた。米英の対立は、いわばスミス対マルクスのイデオロギーの対立でもあった。しかし東西の対立激化と、英国が占領費の負担を次第に米国に肩代わりさせたことなどから、米国の発言力は大いに高まり、結局西ドイツは価格メカニズムを重視する「社会的市場経済」体制をとり、ＩＧファルベンなどの超大企業は分割された。社会化路線は否定された。

米国の単独占領といってもよい日本では、そして社会化の担い手である労組勢力が弱い日本では、社会化路線は実際上とれなかったであろう。

だが、客観条件はともかくとして、電気事業再編成を最初に取り上げ、案をつくり、これを推進しようとしたのは経営者ではなく、政府、政党でもなく、電産であった。当初はあたかも電産主導の如き印象を与えた。

早くも昭和二十年十二月二十日に、日発関東支店従業員組合は「本給三倍、諸手当五倍の即時引上げ」などの経済要求とともに、「電気料金の自主的決定権獲得」「発送配電の一元化」を決議している。二十一年九月十六日に電産協（のちの電産）が電気事業民主化の団体交渉を日発総裁と配電会社社長に申し入れ、その結果として十月七日に出した次の共同声明は完全に組合ペースであった。

「われわれは団体交渉において、電気事業に対する官僚統制の撤廃と、発送、配電事業の全国一元化に関し

一、電力管理法を中心とする一連の官僚的国家管理法の廃止

二、社会大衆による電気事業監督及び指導機関の設置

三、全国発送、配電事業の一社化の実現

四、前二項実現のため電気事業社会化法の制定及びこれが民主的なる立案機関の即時設置

以上につき完全に意見一致し、万全の努力を以て、これが実現を誓約せり」

この共同声明に、日発総裁はともかく、九配電会社の社長が署名しているのは、何とも腑に落ちない。

しかし、これはこんな異様な雰囲気の中で行なわれた。小石川の涵徳亭で交渉委員長―東北配電組

合長入江浩、副委員長―関西配電書記長岩気守夫、同―日発書記長佐々木良作ら電産協幹部が経営者を午後一時から十時間にわたってガンガン攻めつけ、「ここに並んだガン首どもは、いずれわれわれが全部首を切ってやる」とおどしつける。頑固に署名を拒否する社長は外に呼び出され、自社の労組員に、「あくまで反対するなら四国の土は踏ませないぞ」「関門トンネルを無事に通れると思うか」となどられる。社長連は恐怖にかられて署名した。これが「完全に意見一致」の実態である。

電産協はカサにかかる。星島二郎商工大臣代理として会合に出席していた商工省電力局の川澄電政課長にも署名捺印を迫った。これはいやしくも電気事業の根本につながる重大問題であり、一課長が軽々に賛成できることではない。川澄は頑強に拒否したが、それではいつまでたっても帰してくれぬ。ついに無理やり署名させられ、やっと解放される。商工省では古池信三電力局長が川澄の無事を案じながら、深夜まで待っていた。そこで二人は相談して、事態の収拾策として「署名は心神喪失の状態の下でなされたもので、政府としては責任を負うことはできない」ということにしようと決め、翌日商工省からこの旨発表した。

組合は本来なら川澄の署名をタテにひとあばれできたのだが、何もしなかった。中央労働委員会会長末弘厳太郎に、「いかに商工相代理として出席したとはいえ、一課長がかかる重大問題を承認してよいという代理権まで与えられていたとは常識で考えられない。それをあまりしつこく食い下がると、かえって組合の良識を疑われるから、追及しない方がよかろう」と忠告されたからであった。

それにしても共同声明は共同声明である。電力の労使は、声明を実現する機関として「電気事業民主化協議会」を設置し、二十二年一月から検討を始めた。祈りから石炭業の国営化が政治問題化し、片山内閣の進歩的政策の一つとして、ついに二十二年十二月「臨時石炭鉱業管理法」が成立し、石炭の国家管理が翌二十三年四月から実施された。

電産にとって前途はバラ色にみえた。しかし、米占領軍と労働組合の蜜月状態は終わりに近づいていた。配電会社の首脳もやっと声明を無視する度胸がついた。こうして協議会は経営者側ののらりくらりの引き延ばし作戦のため、何もなすところなく、いつの間にか消滅してしまった。

では電産は何を考えていたのか。二十二年九月に発表した「電気事業社会化要項」を要約してみよう。

①企業形態……日発と九配電を一社として運営する。公共会社（今でいう公団か）とする。すなわち資本と経営の分離、利潤追求の否定、社会大衆による指導監督、従業員の経営参加等を内容とする公的経営とする。資本は民間資本からなるが、必要に応じ国家資本を導入する。出資者に出資証券を交付し、制限配当を実施するが、議決権はない。経営者の任免は電力委員会の議を経て政府が決定する。

②指導機関―電力委員会……電力生産者、消費者、学識経験者、労組代表で構成し、ここで基本計画、料金その他の重要事項を議決し、政府はこれにもとづいて決定する。

③監督機関―電気事業監査委員会。

革新政党はどうしていたのか。日本社会党は二十二年八月「電気事業の国有国営案」を発表した。電産の公社案よりさらに徹底して、政府直轄事業とするものであった。従業員は特別任用官吏になることになっていた。日本共産党は同年同月「重要企業国営人民管理法案」を発表し、石炭、鉄鋼、セメント、紙、繊維、海運、私鉄、放送などと並んで電力の国営人民管理を提唱した。しかし長い国家統制にうんざりしていた当時の大衆が、国有とか社会化といった統制臭のする言葉に好感を示したかどうかは疑問である。両党案は問題にされなかった。

しかし、電産案のなかから修飾的文言を取り去ってみると、むしろ現状維持的である。日発の経営者にとって、わずらわしい官僚統制のワクをゆるめてくれる結構な案といえるだろう。だから、電産の社会化案は日発の再編成案にかなりの部分、取り入れられる。そして社会化をめぐる電産対電力経営者の対立は、日発の分割の是非をめぐる日発対配電会社の対立に変わり、電産は結局、日発と共同闘争を行なうことになる。三つの道は、こうして二つの道に収斂された。

日発対配電

持株会社、三井物産、三菱商事の解体に続く最後の措置として「過度経済力集中排除法」が二十二年十二月十八日に施行され、翌年二月二十二日に電気事業が集中排除の指定を受けた。こうして政府および業界は否応なしに電気事業再編成に取り組まざるをえなくなった。再編成劇の幕は切って落とされた。

集排法は日本人のほとんどが気の進まない法律だった。財界はもとより、この法律の実施を担当する片山内閣の社会党閣僚にとって、集中した経済力を社会化せずに分割して資本主義的自由競争に委ねることは、そのイデオロギーにもとることであった。

電力業界も混迷していた。二十二年九月、集排法審議の過程で、日発とともに九配電会社の社長は、連名で電力業界を集中排除の指定から外すよう、片山首相、水谷商工相、和田博雄経済安定本部長官、そして参院電気委員会委員長におさまっていた佐々木良作に陳情している。陳情文はまったく日発ペースで「現在の運営形態は電気事業の特質に合致した、もっとも合理的なもの」と満足している。集排法の適用を受けるとどうなるかわからぬという不安感ばかりが前面に出て、集排法を利用し、電気事業を私企業体制に引き戻すという意欲は、業界首脳の間にまだ湧いていなかったのである。

ただ日発が推進しようとしている発送配電の全国一社化案が配電会社の現在の権益を侵害するかもしれないことに気づいて、配電会社側はようやくこれに対抗する民有民営のブロック別会社案をまとめるに至る。ここで日発対配電会社がやっと対立抗争の形をとることになった。

日発が二十三年四月、持株会社整理委員会に提出した再編成計画書のあらましは、

①日発並びに九配電会社をもって新たに日本電力株式会社を設立する。

②会社は発送配電を一元的に行なう。

③会社を検査監督する国の行政機関として、民主的に組織された電気委員会を設け、重要な建設計

画、需給調整、料金決定、利益処分など重要事項はかならず委員会の議を経なければならない。というものである。

日発案は電産案と酷似している。このことは日発の経営者も気になった。そこで、電産の公社案に対し株式会社案を対置することによって、ようやく独自性を主張できたのである。

日発は、なぜ全国一社案を主張したのか。ブロック別に分割すると、①電源地帯と消費地帯の電力配分が不公平になる、②電源開発に当たっても非電源地帯は不利になる、③全国均一料金制がとれず不利な地域がでてくる。外資調達や資金、資材の購入も大規模の一社の方が有利、というのである。

九配電会社は日発案に対抗し、同月、持株会社整理委員会に再編成計画書を提出した。

その骨子は、①発送電と配電とを一貫経営する民有民営形態とする、②全国一社的規模を排して適正規模による地区別会社とし、電源開発も地区別会社で実施する、③プール計算をやめ地区別独立採算制による責任経営とする、④電気料金は地区別原価計算主義で認可制とする、⑤地区別の需給不均衡は合理的に調整する、というものである。

「全国一社というが如き、膨大な企業規模は決して企業能率を向上させる所以ではない」「一方、事業区域を県単位程度に細分することは技術的、経済的に事業の安定性がむずかしくなる」としてブロックによる分割を推す。

そして企業体制を民有民営にせんとするのは、「連合国最高司令官マッカーサー元帥の本年年頭の辞に明らかに示された如く」「自由競争企業の原則にもとづいた私的資本主義の原則を体現せる経済体制のみが、個人的創意と個人的努力に最大の刺激を与えることは、長い体験が実証している」からだと結んだ。マッカーサーの年頭の辞は、統制にならされ、電産におびえていた経営者に、資本家的精神を取り戻させる効果があったのである。

日発、配電会社のほかにもう一つ電気事業再編成に強い関心を持つ団体があった。配電事業全国都道府県営期成同盟会で、とりわけ電力国管のため、強制的に発送、配電施設を取り上げられた地方自治体が公営復元を強く主張した。米占領軍が民主化の一環として、内務省を解体し、地方自治を奨励したことが彼らを勇気づけた。もちろん地元選出の代議士も熱心に動いた。

同盟会が二十三年五月に発表した「配電事業都道府県営基本方針」は、①発送電事業は全国一元的に運用するが、発送電と配電は分離し、配電は都道府県有、都道府県営とする、②電力卸売料金は全国均一とする、というもの。つまり日発はそのままにし、配電会社を分割、公営にしようというもの。配電会社にとって思わぬ伏兵であった。政治家、国会と結びつけば燃え上がる恐れがある。九配電がその再編成案の中で県単位に細分することの不可能を説いたのは自治体のこの動きに対する牽制であった。

ただGHQは電力公営に興味を示さず黙殺したため、公営復元運動は実らなかった。しかし、今から考えれば、これは地方自治体にとって幸いだった。なぜなら、自治体が県営を主張した本当のねらいは「配電事業を通じて地方自治が民衆の中に入りこむ機縁とする」という美辞麗句よりは、配電事業の収益で自治体の財政自立の一助にしようということにあった。

しかし住民の福祉意識の高まりは、自治体の公共料金値上げを著しく困難にし、今ごろ公営配電事業はおそらく、軒並み膨大な赤字に苦しんでいることだろう。そして電力の配分をめぐって消費地の大都市は供給不足に悩んでいることだろう。もっとも困っているのは東京都だろう（そして美濃部都知事のハムレット的苦悩は一段と深まっているところだった）。公営案が流れたのは国民にとって幸いだった。残るは日発と配電の妥協なき闘いである。

議して決せず

強大な権力から気が染まぬことを押しつけられた弱者は、さも誠実そうに実施の方法を〝民主的〟に議論してみせ、結局話し合いがつかなかったといって流してしまうのも一法である。

片山内閣のあと、同じ民主・社会連立の芦田内閣の商工相に留任した水谷長三郎は、二十三年四月十六日、閣議了解事項として「電気事業民主化委員会」の設置を決め、各界有識者の民主的討議で電気事業再編成について答申してもらい、政府はこれを政府案にまとめることにした。

東大教授大山松次郎を委員長に、石川一郎（化学）、三鬼隆（鉄鋼）、山川良一（石炭）など産業界代表、石原幹市郎（福島県知事）、林虎雄（長野県知事）、石原永明（東京都議会議長）ら地方自治体代表、伊藤政太（総評）、植松延秀（電産）ら労働界代表、東畑精一（農業復興会議議長、東大教授）、中山伊知郎（中労委委員、東京商大教授）ら学識経験者、前田栄之助（衆院）、佐々木良作（参院）の二名の国会議員ら二十一委員の中に、当事者の大西栄一日発総裁と高井亮太郎関東配電社長も加わっていた。

四月三十日に第一回委員会を開いたあと、正式の委員会だけで十九回も会合し、答申案を出したのは十月一日、正味五ヵ月を費やした。委員会は電源開発、外資導入、電力配分、料金政策、サービス改善、企業形態、経営責任、電気技術その他について微細に至るまで議論をつくした。

各委員の意見を民主的にまとめれば、官僚統制の弊を除くため、新たに民主的監視を行なうが、日発体制そのものはこのまま続けるという結論になるのは必至であった。

産業界は度重なる停電に生産活動が阻害されるのにヘキエキし、「料金は高くてもよいから良質豊富な電力がほしい」という要望もあったが、鉄鋼、石炭といった基幹産業の代表者は「日本経済が再建の軌道に乗るまでは急激な変化を起こさないようにしていただきたい」という現状維持論であった。

水谷長三郎

一般消費者の代表は配分の公平、サービスの向上、電熱器使用のための配電設備の拡充を要望したものの、そのために経営形態を変える必要があるかどうかまではわからなかった。

労組側は日発の分割はみずからの勢力減退を招くことを本能的に悟り、逆に配電会社を日発に吸収する全国一社化案を主張し、知事たちは日発をそのままにし配電会社を公営化するよう主張した。

日発を解体し、ブロック別に私営の発送配電の一貫会社をつくろうという高井委員の発言は袋だたきにあった。のち福島県知事をやめて参議院議員となり、第二次岸内閣の自治大臣を務めた自由民主党員、石原幹市郎委員（かつての内務省官吏）が、電力産業を自由企業体制に再編しようという高井委員に対する、執拗かつ強固な論敵であったことは興味深い。

――六月二十五日　第八回委員会――

石原委員代理井関氏　民主化とは需要者の声をいかに事業者に反映して実現するかにある。株式会社組織は根本的に利潤追求であり、徹底した民主的運営は困難である。公営は需要者即経営者であるから、もっとも民主的である。

高井委員　今の御意見では公営でなければ民主的な運営ができないというふうに聞こえるが、株式会社経営でも民主的でないとはいえない。株式会社といえども、法令の規制を受け、その法律はもっとも民主的な国会の議決による。単なる営利追求は避くべきであるが、経済原則に則って、しかも民主的にやるべきである。

停電が日常的に発生している当時の状態の下で、おそらくほとんどの委員は、全国的な発送電網の分離に不安を感じたであろう。また大規模な電源開発を進めるのに、分割されて小規模になった会社より、全国的な国策会社の方が有利ではないか。開発資金の外資調達にしても、ウォール街は理念的に私企業を愛するとしても、現実には弱体の私企業より、国の保証のある国営企業の方により安全性を感じるのではないか、と考えて当然であった。分割＝私企業体制への不安は、ほとんどすべての委員に共通するところであった。高井委員は孤立無援だった。

ただ、高井委員は委員会外に強力な保護者ＧＨＱを持った。委員会が現状維持の線を出せば、ＧＨＱの怒りを招くのは必至である。政府は何とか色をつけたかった。おそらく委員会幹事の玉置敬三商工省電力局長ら官僚の入れ知恵もあったろう。大山委員長は本州と九州を今のままとし、北海道、四国は発送配電一貫の会社にするという妥協案を大山試案として委員に提示した。送電網のつながらぬ北海道、四国を犠牲にして現状維持を図ろうとしたものであろう。

この案はとりわけ現地を驚かせた。四国の住友共同電力はえたりとばかりに、もし日発に強制出資させられた住友の発電所を返還してくれるなら、四国は住友と四国配電の二社でやろうといいだした。「四国配電の経費が住友の約四倍であるのは、故障が多く、修理の迅速を欠き、盗電される量も多く、人件費を節約して経営の合理化を行なわないからである。四国を二分すれば、両社の競争により電力を豊富低廉にし、経営の合理化が図れる」というのである。また四国四県当局も大山試案に乗じて四県共同公営案を提案した。

しかしこの二つを除いて、現地の空気は分割論におおむね否定的だった。本州から取り残されるという不安が第一であった。四国配電も北海道配電も反対だった。四国配電の岩本勝弥副社長は収支面からみて四国独立が困難なことを委員会に切々と訴えた。結局、両地区は「電源開発、現行の料金、並びに事業の収支に著しい影響を来たさないよう適当な措置を整えた上」、つまり実質上、経営面の独立性を犠牲にすることによって、名目的に分離させるということで委員会の意見をまとめることにした。十月一日の最終委員会で決め、同日答申した電気事業再編成案の骨子は次の通りである。

「電気事業の再編成によって再建途上にあるわが国経済に過度の混乱を誘発することはこれを避けるものとし、事業の根本に触れる変革は客観情勢の安定と相まって考慮することが至当である」との基本方針から、次の具体的方策を講じるべきである。
①日発は普通の株式会社とし、一般電気事業者として国の監督を受ける。
②北海道および四国地区は適当な措置を整えた上、発送配電一貫事業とする。
③電気行政の中央機関として商工省外局の電気庁を設ける。民主的に選任された委員による中央電気審議会を設け、重要事項の諮問に応じる。
④治山治水等、広く国益に関連する大規模な水力資源の開発は、必要に応じ政府がこれを行なう。
⑤料金制度に社会政策を加味し、ぜいたくな使用には加重料金を課し、その財源で要保護者に対する電気料金の減免を行なう。
政府はただちにこの答申案をＧＨＱに提出して詳細に説明したが、無視された。その直後十月七日に芦田内閣は総辞職し、社会党は以後、現在に至るまで政権担当の機会を二度とつかむことはなかった。

その後、第二次吉田内閣が成立し、商工大臣に帝人社長の大屋晋三が選ばれた。水谷商工相の単なる諮問機関に過ぎなかった電気事業民主化委員会の答申案は芦田内閣とともに自然消滅してしまった。

余人なし

マッカーサー司令部は、企業分割に対する日本政府の〝民主的〟サボタージュをにがにがしくみていた。本国政府で企業解体の行き過ぎ論が台頭し、日本内部にこれに呼応する動きがあるのも不愉快であった。GHQは業を煮やして独自で電気事業再編成の検討にとりかかった。

日本側の電気事業民主化委員会の発足と相前後して二十三年五月、集中排除審査委員会、いわゆる五人委員会のメンバーが来日した。ニューヨーク造船社長ロイ・S・キャンベルを委員長としたこの委員会は、AP電によれば「経済力集中排除実施の最高裁判所ともいうべきもので、しかも裁判所の如く別段法律で制限されておらず、わずらわしい規定に拘束されず、日本国会が可決した過度経済力集中排除法を実行に移すための最良の方法を独自に決定」し、随時マッカーサー元帥に勧告する権限を持っていた。

五人委員会は、他の業界には集中排除を緩和する方針を打ち出したのに、電力業界に対してはなぜか厳しかった。これについてマルクス主義の理論家は「電力再編成は太平洋精油所再開指令に発する（国際）石油資本進出の準備」であり、米国の石油資本と電機資本への「従属化政策の重要な一環」（政治経済研究所『日本の電力産業』）と解釈する。

なるほど日本の電力産業は以後、米国のゼネラル・エレクトリックやウエスチングハウス社から大型火力発電機を精力的に輸入し、メジャーの売る重油をどんどん焚いた（もっとも、それで日本の産業界は豊富低廉な電力を安定供給され、やがて日本商品が米国市場を席巻し、日米の貿易収支が逆転する結果となったのだから、〝米国独占資本〟はとんだ見込み違いをしたといえるわけである）。

しかし五人委員会は独占資本の指令や陰謀で日本の電力再編成に賛成したわけではあるまい。五人のうち三人は実業家であり、あとは検事と証券取引委員会委員であった。彼らは電気事業会社の株式配当を政府が保証したり、政府が役員任免、料金決定に至るまで介入するのを不思議に思った。とりわけ料金が地域差を無視し、地区の有利な条件がまったく無視されているのは消費者と株主に対する不公平な措置だとみた。米国流のビジネス感覚には不可解であり、〝善意〟ある米国人として、電力産業を米国式に再編することを忠告したかったのであろう。

二十四年五月十日、五人の中で電力にもっともくわしいエドワード・J・バーガー（オハイオ州クリーブランド・パブリックサービス会社副社長）は非公式に日発の森寿五郎理事にいわゆる「七ブロック案」を示した。北海道、東北、関東、関西（中部、北陸を含む）、中国、四国、九州に発送配電一貫経営の私企業会社をつくるというものである。

政府はＧＨＱがこの案にもとづいてただちに再編成を指令するのを恐れ、五月二十五日、稲垣平太郎通産大臣はとりあえずウィリアム・マーカット経済科学局長に、「指令は日本経済が安定するまで延期されたい。再編成については日本政府が権威ある委員会を設けて検討するから、今しばらく待ってほしい」と懇願した。

本来なら集排法の実施機関である持株会社整理委員会も、五月二十七日「集排法では日発の分割まではできるが、配電会社を含め七ブロックに再編することは、かえって配電会社の経済力を増大することになる。したがって集排法以外の別個の法律を制定することが必要である」と言明した。要するに複雑な電気事業再編成から手を引きたいのである。

ＧＨＱは七ブロック案に対する日本の反対的な懇願に耳を傾けながらも、再編成決行への意志は固かった。五人委員会が解散した後、マーカット経済科学局長は自分の顧問として、オハイオ州の小電力会社の元社長Ｔ・Ｏ・ケネディを招き、彼に責任をもたせる。そしてＧＨＱは九月二十七日、非公式覚書の形で通産省に自己の方針を押しつけた。それは、

①日発および九配電会社を解散し、地域的区分にもとづいた発送配電一貫の組織を設立する。七ブロックが適当だが、必要なら九つにしてもよい。

②政府は日発、配電会社の所有株式を放棄し、再編成された会社の株式を所有しない。

③電力局の代わりに公共事業委員会を設ける。それは経営的性格を有しない調整機関（Regulatory body）である。

④各社が自立できることを目途として必要な電力料金の改正をしなければならぬ。

というもの。

進藤武左衛門

電気事業再編成はまさにこの枠組みを一歩も出ず、この通り行なわれたのである。

ＧＨＱ指令でやってしまえば話は簡単だが、それでは間接支配の建て前がくずれる。そこで十月十四日、ＧＨＱは通産大臣が先に約束した「権威ある委員会」を早急に設け、ＧＨＱの方針にもとづく日本政府の再編成具体案を早くつくるよう強制した。こうして十一月四日の閣議で、通産大臣の諮問機関「電気事業再編成審議会」の設置が決定された。

首相吉田茂はＧＨＱをこれ以上じらすつもりはなかった。しかし、日本人のすべてを敵にまわして再編成をまとめねばならぬ審議会の会長は、人並みの人物では務まらぬ。おそらく池田成彬、小林一三なら適任であろうが、二人は追放されている。

思いあぐねた吉田は、同じ大磯に住む当の池田成彬を訪れる。池田は、当時柳瀬から小田原に移り住み、お茶をのんでいる松永安左ェ門を推した。折り目正しい池田にとって松永の野性は性に合わぬ。それに東邦電力時代、銀行からやたらに金を借りて発電所をつくり、三井銀行の融資先東京電燈と出血競争する。銀行家池田にとって松永は、危なくて気が許せぬ相手であった。だが、池田は個人的な好き嫌いを度外視して、真に適任者を選ぶ公正な人であった。ただ次の注意を吉田に与えること

は忘れなかった。

「再編成がすんだら、すぐ御用済みにすることですな。松永に権力を持たせると、必要以上に権力を振るう心配がある」

所管の稲垣平太郎通産大臣が資源庁長官で前日発副総裁の進藤武左衛門（しんどうぶざえもん）（東邦電力出身）と相談した結果も、松永以外にないということだった。どこにもライバルはいなかった。たしかに影響力ある人物がすべて追放された当時にあって、松永以外に適任者はなかった。電力国管に反対し、反対ならずとみて、いさぎよく一切の仕事を捨て、日発総裁のイスなどに目もくれずお茶三昧にふけったことは幸いだった。おかげで追放をまぬがれ、電力国管を解体し、日本の電力産業を思うがままに再編成するポストが、半ば当然のように天から降ってきたのである。

電力行政は逓信省から通産（一時商工）省に移ったが、官僚たちはなおも松永をうさん臭く思い、電気事業民主化委員会の二十一名のメンバーに入れることすらしなかった。だが吉田―池田は松永のうさん臭さを知りながら、そのうさん臭さこそが電気事業再編成という難業を仕遂げる力であることを理解していた。

松永に会長就任を依頼する仕事は、進藤資源庁長官自身が当たることになった。

参考文献

▽『再編成史』▽『日発業務史』▽栗原東洋編『電力』▽『戦後改革2・国際環境』▽『新井章治』▽井上五郎「再編成の前後」（『電力25年の証言』＝以下『証言』と略＝電気新聞、昭和五十一年）▽社会運動資料刊行会『日本共産党資料大成』黄土社書店、昭和二十六年▽持株会社整理委員会編『日本財閥とその解体』昭和二十六年▽宇佐美省吾『電力の鬼』青蛙房、昭和三十二年▽進藤武左衛門「松永翁を担ぎ出す」（『証言』）

第2章 紛糾

松永復活

「身を捨てて世を救う人もあるものを草のいほりにひま求むとは」

松永は戦中、戦後の茶道生活をまとめた著書『桑楡録』に、良寛の述懐の歌を書きとめている。茶道を隠居の道楽とか、娘の嫁入り修業とみるのは誤解かもしれない。しかし、少なくとも松永の異常なエネルギーを吸収するに足るだけの力がなかったことも事実であろう。

松永は昭和二十四年十一月、電気事業再編成審議会会長に就任するまで、母校慶応義塾大学の評議員、東邦産業研究所理事長を務めたに過ぎぬ。しかし、そのわずかの公職のため、戦火に荒れた東京の巷に出て目にするものは、目に余ることばかりであった。

「久々で柳瀬から東京に出るのが怖ろしくかつ浅ましい。池袋駅の乗り込みは破れガラスの窓から出入りするのが普通で、突き倒し、はね飛ばし、子供や老人は悲鳴をあげる」

「焼けトタンの寒風に、明日をも知らぬ栄養失調の老幼が、ぬかるみの中の露店の一本十五円の大根、一尾二円の干イワシを恨みの目を以て見返していく」

そして「かかる地獄図絵の世相に、われ七十を先年過ぎし隠居の身軽さ、柳瀬の里に逃れて、生活を茶道しつつあるありがたさ」といってみても、なお心にうずくものがあったろう。

売り食い生活を続けている松永にとって柳瀬山荘の維持は財政的につらかったのであろうか、二十三年三月に、蒐集した茶道具といっしょに東京国立博物館にそっくり寄贈し、以後もっぱら小田原市板橋に住まう。しかし東海道小田原はやはり柳瀬よりも人の往来が繁くなり、宇垣一成、結城豊太郎、長崎英造、門野重九郎らと日本復興の途について話し合うようになる。

日本はもはや農業国に逆戻りすることはできぬ。とすれば工業再建のためのエネルギーを確保しなければならぬ。日本の自前のエネルギー資源としては石炭、水力発電しかない。しかし、石炭増産のためには深く掘らねばならぬが、換気から排水にいたるまで電力が必要となってくる。石炭はむしろ化学工業の原料として使うことが望ましい。だとすれば、水力発電の開発が唯一のキメ手となる。幸い日本には只見川、天竜川、北上川などの電源がほとんど未開発のまま残されている。経験者が追放された今、電源開発を指導できるのは、不肖この松永安左ェ門しかない――松永の推理は、いつも同じ結論に達する。

こうして、この七十を過ぎた老翁は、東邦電力や満鮮電源開発の経験者進藤武左衛門、鈴木鹿象、平井弥之助、久保田豊、工藤宏規らの専門家から、十年ばかり白紙だった間の電力問題の知識を青年の如く貪欲に吸収した。それればかりか、老体の身で只見川視察のため、尾瀬に入ってもみた。

その結果、到達した結論は『東洋経済新報』二十四年四月二日号の松永自身の論文「電力再建の急務」に要約されている。それはブロック別発送配電一貫の民有民営にすべきだが、只見川などの大規模水力発電工事は国有国営にすべきだとしている。おそらく松永といえども、分割後の電力会社が自力で大規模電源開発ができるかどうかに疑問を持ったであろうし、只見川を開発してできる貴重な電気は、これを消費にまわすことなく、産業復興のために化学工業などが直接使うべきであるという意見に、当時傾いていたのである（先鋭なる民有民営論者三宅晴暉、宇佐美省吾、原田運治らジャーナリストは「米国で国営のＴＶＡが大規模電源開発に成功したからとて、日本でもうまく行くとは限らぬ。日本の官僚――つまり人がだいぶ違う」と強く批判し、松永もこれに動かされる）。

二十四年十一月十六日の夜、進藤資源庁長官が小田原宅を訪れたが、松永は名古屋八勝館でお茶を飲んでいた。小田原からの進藤の電話に、「そうか。だが役人のいうのはアテにならんが、本当に頼むか」と念を押した上で承諾した。

〝魚心あれば水心〟だったのである。

四対一

電気事業再編成審議会は電気事業民主化委員会と同様、通産大臣の諮問機関であるが、民主化委員会が調査・審議を目的とするのに、これは政府に、通産大臣が「答申を尊重して所要の措置をとる」

ことを義務づけた。そして、何よりも民主化委員会と違ってＧＨＱの支持があった。

民主化委員会は各界総花的に二十一名の委員を擁して、まとまるものもまとまらないようになっていたが、審議会は五名、しかも日発解体に強力に反対する日発と電産と労組、政党の代表は除外された。そして会長は電力再編成に全精力を傾けようという松永安左ェ門であった。

だからといって、審議会の運営がスムーズだったわけではない。松永会長は民主的運営によって当たりさわりのない作文をつくるつもりはなかった。自己の信念にもとづいた結論を委員に押しつけ、押し通すつもりであった。しかし残る四人の委員、三鬼隆日本製鉄社長、水野成夫国策パルプ副社長、工藤昭四郎復興金融金庫副理事長、小池隆一慶応大学法学部長は、いずれも他人に無理強いされて甘んじる人たちではなかった。しかも四人の意見は世論に従って、現状に急激な変化を与えないことにほぼ一致していた。事務局の通産省の官僚たちも、その本心は四委員と同じであった。

かくして松永会長は、まず審議会それ自体と闘わなくてはならなかった。

松永は知っていた。決定権を持っているのはまぎれもなくＧＨＱであり、自己の主張を通すにはＧＨＱを説得するのが第一である。審議会そのものは二義的なものに過ぎないということを。そして日本における政府の審議会は常に事務局の官僚に指導され、会長、委員はでくのぼうに終わりがちであるということを。

そこで、松永は焼け跡の虎の門ビルに私的事務所をつくり、元満鉄総裁中村是公の長男中村博吉を事務局長格にして、ここに宮川竹馬ら専門家を集めて松永自身の再編成案の立案を始めた。これは通産省電力局の小室恒夫電政課長を局長とする本来の審議会事務局にとって不快きわまることであった。

審議会は二十四年十一月二十四日に第一回会議を開いた。政府関係の審議会や委員会の運用は通常、役人が議題から審議日程、資料に至るまで全部お膳立てしてくれる。委員はそれに身をゆだねておればよい。しかし松永会長はそうはさせなかった。数回目の会議で小室事務局長が自分の作成した日程にもとづいて議事を進めるよう提案したとき、小室に、「君らは用事がある時にこちらから呼ぶから、以後わしが申しつけぬ書類を出したり、発言したりすることを禁ずる。審議会は自分が議長として、自分の思う通り運営する」「そんな馬鹿な」と反論する小室にカンのさわった松永は、「事務局長、退場を命ず」とどなり上げた。

三鬼隆

実は小室は、他の委員に頼まれ、一人よがりの会長の審議会運営を是正するために提案したのである。他の委員は当然のこと、松永会長に不満だった。三鬼委員は「会長はなぜ議事を進めないのか」と詰問し、他の委員も事務局といっしょになって責めた。

「君たちの意見は前の会合の時とちっとも変わっていない。つまるところ君たちには電気のことはわからぬ。わしがだいたいの骨子をつくるまで黙っていたまえ」

「各委員は会長と平等の責任を持っている。黙っていろとは何事か。実に横暴である」――松永会長の運営ぶりは、どうひいき目にみても民主的とはいいかねる。それはそうであろう。松永は民主的改革をするつもりはなかった。革命（国営体制を私企業体制に逆転させるという意味では反革命）をやるつもりだった。そして共産党が革命の手段としてブルジョア議会を利用する如く、松永も電力業の体制革命のため審議会を利用したに過ぎない（当時、松永は〝財界の共産党〟といわれていた）。

一方、審議会を〝民主的〟に運営することによって松永の革命（あるいは反革命）を抑えようとした最強の敵は日鉄社長三鬼隆委員であった。三鬼は日経連代表常任理事、経団連副会長であり、もし二十七年四月、日航「もく星号」墜落事件で急死していなければ、当然、経団連会長のイスについていた人である。彼は産業界の利害を代表して電力再編成をつぶすか、骨抜きにしようとした。三鬼の本心は電力会社が私企業になると、電力料金が原価プラス適正利潤を賄う点まで引き上げられ、それが化学、鉄鋼など電力多消費産業に打撃を与えるのを恐れたのである。

当時、基幹産業は価格差補給金をもらった上、電力の低料金の恩恵にあずかっていた。電力費の生産費に占める割合は、硫安が十八年に四〇%だったのが、二十一年には五%に、石灰窒素は三〇%が四%に低落していた。銑鉄、鋼材の割合も、二十一年当時はそれぞれ一・五、二・五%の低率だった。三鬼と産業界はこのままでいたかったのである。

松永は補給金に甘え、しかも日発をくいつぶしてテンとしている統制なれした経済人、財界人を深く軽蔑していた。その代表たる三鬼は虫の好かぬ相手だった。

三鬼もまた、この時代遅れの自由主義経済を称える老人、財界に重きをなす自分に非礼を重ねる松永に敵意を持っていた。

この二人の悪感情がある日の会合の後の雑談の席で爆発した。三鬼は、「じいさん（松永）は私の先輩の平生釟三郎（ひらおはちさぶろう）翁に似ている。年恰好も同じだし、話もやはり面白い」といったのである。「あなたはしょせん一昔前の人間ではないか。昔話も面白いが、ただそれだけだ」といいたかったのであろう。だが平生釟三郎の名前は松永を刺激した。

平生は東京海上火災社長から政界に入り、文部大臣を務め、のち日鉄社長に就任した。昭和十五年八月、重要産業統制団体懇談会（のち重要産業協議会）が設立された時、病臥中の郷誠之助会長に代わって副会長の平生があいさつした。

「民間人は常に官僚統制の弊を非難して自治統制の必要を唱えておりますが、多くは議論に堕し、進んで国策に協力しようという努力に乏しい。かつ思想的にも自由主義経済方針よりまったく脱却せざるうらみがある。それは政府当局者の中にも見受けられる。本会はそういう人びとを仕向けて、みずから進んで国家に貢献せんとする熱意を持つに至るよう指導する使命を合わせ持つものであります」

そして重産懇は十五年十二月、日本経済連盟会など財界七団体が軍部および革新官僚の「経済新体制」案に反対した時（第Ⅱ部第1章「最後の抵抗」参照）、これに与（くみ）しなかった。副会長平生が「利潤追求はいけない」といい、会長郷は「それは赤の思想だ」と反発する内輪もめがあった。しかし郷は十七年一月に亡くなり、あと時流に乗って平生が会長に昇格する。

（こともあろうに、そんな平生輩と似ているとは何事か）

「おいおい、三鬼さん。ちょっと待ってくれ。あんな大臣になって大喜びしているようなのとは、わしはちょっと違うつもりだ」

「いや、平生さんは立派な人だ。わたしもいろいろ教わった」

「ともかくあんなのといっしょにされては困る。ごめんこうむる」――噛んで吐き出すような松永の発言に、座は白けてしまった。

日本製鉄の大ボス平生翁は、はからずも電力産業を一個の事業とみる考え方と、税金によって賄うべきものとする考え方の相容れない対立のあおりで、とんだ引合いにされてしまった。

審議会をまとめるべき会長が、委員や事務局と絶えずけんかしていたのでは、うまくいくはずがない。しかし会長は精力的に各界とのヒヤリングを行なった。また自分の私的事務局をフル回転させていた。本物の事務局はサジを投げたかったであろう。しかし、ＧＨＱの厳しい督促はサボタージュを許さなかった。こうして公的事務局と私的事務局が並行して、それぞれ検討を進めた。

ようやく三鬼案と松永案がまとまる。松永案の発送配電一貫・九分割案に対し、三鬼案は九分割会社とともに、日発の発電能力の四二％（全国の三六・四％）を持つ電力融通会社を新設するというものである。融通会社は卸売専門であり、地域間の需給ならびに料金差の調整をねらいとする。一方、松永案は融通会社がなくとも九社の相互融通で調整がとれる、とする。

融通会社は縮小した形で日発を残すというものであり、完全解体の松永案とまっこうから対立する。両案の調整がつかない。審議会議事規程に沿って、議事を「出席者の過半分で決す」れば四対一で三鬼案に決定しなければならぬ。しかし、他の委員も通産省も、松永案を葬ってしまうだけの自信がなかった。なぜなら、三鬼案ではＧＨＱの意に添わぬことは明らかであり、ＧＨＱの意に添うとみられる松永案を無視しかねた。松永会長も四対一ではさすがに自分の案を正案にすることはできなかった。

こうして二十五年一月三十一日に決定され、翌二月一日付けで答申された本文は三鬼案だが、松永案が参考意見として添付された。

この答申はきわめて異様である。少数意見を添える答申は珍しくないが、その場合、本文を批評する形で出る。しかしこれは本文が少数意見を批評し、なぜ松永案ではいけないかを一生懸命弁解する。そして丁寧にも、松永提案は「遺憾ながら多数の賛成を得なかったが、政府が有力な参考意見として尊重されることを切望します」と書き添えている。一読すれば参考意見こそが正文のように映る。そして事実上、松永案が正案となった。

政府案決定

電気事業再編成審議会の答申の評判はどうだったか。朝日新聞の二十五年一月二十八日の社説はいう。「日本発送電の運営にいかに欠陥があろうとも、全国を九ブロック別に分断するという構想はいかに根本において誤っているかは改めて論ずるまでもなかろう。どうしても諸般の情勢上（つまりＧＨＱの圧力――筆者注）分割するというなら、せめて次善の策（つまり三鬼案）を貫くことを望む」

筆者は土屋清と思われる。先輩の笠信太郎がマルクス主義的分析にもとづいて電力の国家管理に賛成したとしたら、土屋は英国フェビアン社会主義にもとづいて日発擁護にまわったのであろう。英国が電気事業を国営化している事実を、ここで援用している（もっとも、現在の土屋はかならずしも当時の意見と同じではなかろう）。

毎日新聞もまったく同じ論旨である。「われわれは電気事業が公共事業であるという特殊な性格を重視するのであり、したがって現在どれほど自由経済や自由競争の長所や妙味が強く叫ばれようとも、そういう原則をそのまま電気事業にあてはめていいとは考えない。電気事業の再編成は万やむをえないとしても、最小限度にとどめることを望んでやまない」（一月二十三日）

ただ、日本経済新聞は多数説に反して松永案を支持し、「たとえ地域間の融通がいくぶん不円滑になったとしても、それを地域ごとの会社が、自分の責任と努力で解決するところに電気事業発展の基礎があるのであって、現在のようにあてがいぶちの電力を機械的に配給しているのでは向上も発展も期しえない。電気事業再編成はあくまで分割の本旨を貫くべきである」（一月三十一日）と主張した。少数ながら知己の言もあったのである。

だが、当時においてジャーナリズムの見解はさほど大きな威力はなかった。あげてGHQの意向にかかっていた。GHQはもちろん正案に反対したが、松永案に対しても、マーカットは失望の意を示した。松永対GHQの争点は電力会社が給電地域外に電源を持つことの可否である。

GHQは給電地域と電源地域の一体化を主張し、電源地帯にあって電力の余る会社は不足する会社に売電せよという。松永案は、日本の電源開発は東京、関西の大消費地の資本が進め、消費地の火力発電所と一体になって運用していた、その歴史的需給関係を崩すなというのである。松永が恐れたのは、GHQ案だと発電地域と消費地域のアンバランスがひどくなり、発電地域の会社は日発的な卸売会社になってしまうことであった。

再編成審議会は答申と同時に解消したが、松永は活動をやめなかった。虎の門ビルの松永事務所は中部配電常務横山通夫のあっせんで銀座・服部時計店裏の名古屋商工会館四階にある中部配電東京事務所に移った。ジャーナリズムは虎の門にあった通産省電力局を「虎の門電力局」、松永事務所を「銀座電力局」と呼んだ。

松永は二人の敵の攻略に重点を置いた。一人はGHQ顧問のケネディであり、一人は大蔵大臣池田勇人であった。

二十四年秋、電気事業再編成審議会の五人の委員がそろってGHQにケネディを表敬訪問したあとの懇談で、松永はケネディに、「時に、あなたは電力会社の社長を長らくやっておられたそうだが、月給をいくら取っておられたか」と聞く。ケネディは思いがけぬ質問に驚くが、それでも「公益事業の役員給与は安いもので、私は」とくわしく話した。松永は「案外少ないですな。それではわたしの東邦電力時代の十分の一だ。それに経験も私の方が多そうだ」――松永一流のハッタリ的先制攻撃である。

しかし他の委員は冷や汗をかいた。敗者の日本人が、勝利者で全権を握るＧＨＱ高官にいうべき言葉とは思えなかった。水野成夫委員らはしきりに松永をヒジでつついた。幸いケネディはこだわりのないヤンキーであった。持説の十分割計画、供給区域＝電源区域一体案を最後にはひっこめてくれた。松永の理論に負けたというよりは、ツバキをとばしながらの、しつこい説得にヘキエキしてしまったのが本当だろう。

問題はむしろ与党自由党だった。一年生代議士ながら、吉田茂の愛顧を受けてメキメキ頭角を現わしていた池田勇人は吉田から松永に会えといわれる。ある日松永は蔵相公邸に大きな全国地図を持って現われ、みずからの九分割案をくわしく説明した。

「電力産業を建て直さずに日本産業の興隆はない。日本産業の興隆なくして日本民族の幸福は考えられない。このままいい加減な姿にしておけば、分配のみあせって共産化を急ぐか、あるいはファッショに逆行するかだ。再編成は火急を要する」

大蔵官僚、それも税金取りの担当が長かった池田に産業問題はわからぬ。電力は所管外である。だが何か心を打つものがあった。このおじいさんのいうことは本当なのだろうと信じた。この日から一週間たった二十五年二月十七日、稲垣通産相は民主党の内紛で突如辞任し、池田蔵相がにわかに通産

池田勇人

相を兼任することになった。この新通産相は就任当日の十八日に松永案を主体とする九分割案の実施を決断し、ただちにGHQとの折衝に入った。

GHQは、ついに九分割には賛成したが、電力会社を監督する公益事業委員会の性格をめぐる日本政府との対立ではゆずらなかった。GHQは委員会を「国会に対してのみ責任を負い、時の政府によって左右されない強力な独立機関」とすべきだとしたのに、日本政府は「通産大臣の諮問機関」程度を考えていた。池田通産相は妥協して、総理府の外局とするが、運用面では閣議決定事項に服することとする（ただし、このことは特に法律に規定しない）、委員は民間人から採用する、ということでGHQと話をつけた。

政府案が決定した。四月二十日に「電気事業再編成法案」と「公益事業法案」が国会に提出された。

すでに池田蔵相は四月十一日に通産相兼任を解かれた。GHQからせつかれていたとはいえ、二ヵ月足らずの兼任期間中に、池田が評判のよくない電力再編成のため努力したのはどうしてだろうか。数ある池田の伝記にもこのことは触れていない。しかし池田の高度経済成長、所得倍増政策の達成は、電力供給の安定に大きく支えられたのであり、池田のカンは当たったのである。

片山内閣の官房長官西尾末広は各省の次官に目をつけ、社会党への入党を勧誘した。運輸次官佐藤栄作もくどかれた一人である。しかし、西尾は「池田君だけはあんまり自由党的な男にみえたので、最初から誘いをかけなかった」といっている。

たしかにそうなのである。電気事業を私企業体制で再編しようという企てに、池田は当初から賛成し、佐藤は大野伴睦一派とともに強硬に反対した。ともに吉田茂の手飼いであり、ともに官僚出身ながら、池田と佐藤はその理念が違っていた。松永が偶然に池田通産相にめぐり合ったのは幸運だった。

池田もまた松永に負けず劣らず放言居士であった。この時期に最初の失敗をやらかす。二十五年三月一日の大蔵大臣としての記者会見で「ヤミをやっている中小企業の二人や三人、自殺してもやむをえない」といったというのである。池田勇人は安保騒動後の「寛容と忍耐」の姿勢、所得倍増政策の推進と、佐藤栄作との対比から〝ハト派〟とみられている。しかし、その無遠慮な経済合理主義の主張は、世論をサカなですることがあり、その点で松永と同じであった。

ナショナリズム

「電気事業再編成法案」が提案された昭和二十五年の情勢は、電力国管を決定した昭和十四年頃と共通するものがあった。

ともに東亜の風雲、急を告げていた。二十四年十月に毛沢東の率いる中国共産党が全面的に勝利して中華人民共和国が成立した。翌二十五年六月二十五日には朝鮮戦争が始まる。

折りから、日本経済はいわゆるドッジラインによる不況におののき、一方では国鉄、東芝などの大量人員整理の強行が労働組合の反発を招いた。下山、三鷹事件などが相次いだ。世情は昭和初期と同様、騒然たるものがあった。

保守対革新のイデオロギー的対立は、間近い講和問題をめぐって燃え上がり、全面講和か単独講和かで、国論は分裂した。あげくは吉田首相が、全面講和論者の南原繁東大総長を「曲学阿世の徒」ときめつけた。

しかし朝鮮戦争は、米占領軍の軍政下にある日本にとって決定的影響を与えた。日本共産党幹部が追放され、電産、新聞・放送等のレッドパージが行なわれ、平和憲法下に軍隊（警察予備隊）が復活した。全面講和論者は気勢をそがれ、二十六年九月、サンフランシスコ対日講和条約と日米安全保障条約が調印された。この賛否をめぐって社会党は左右に分裂した。左翼勢力にとって、これは思いがけぬ打撃であった。

だが日本経済にとっては、朝鮮戦争はまさしく〝神風〟だった。それは左翼への弾圧により、組合の圧力が相対的に弱まる一方で、戦争による特需の発生はドッジラインによる安定恐慌を吹き飛ばしてくれた。

たとえば、戦争によるトラックの注文が瀕死のトヨタ自動車に舞い込まなかったら、トヨタの今日はなかったであろう。軍需を失い、気息エンエンだった日本の重化学工業は息を吹き返すことになった。高度経済成長の礎石となった鉄鋼第一次合理化計画、電源開発五ヵ年計画は、それぞれ二十六年、二十七年から開始されたのである。

もっとも、第七国会では日本の政治家はそこまで予見できなかった。そして相変わらず政争にあけくれていた。政府の再編成案について社会党は戦前の革新の伝統を守って国営案に固執した。保守党も民主党は修正資本主義の立場から、政府の自由主義的再編成案に反対だった。そして与党自由党も二つに割れていた。大野伴睦ら反対派と、与党として政府案に楯つけないという消極的賛成派とである。

したがって、積極的に賛成なのはGHQと、GHQの顔を立てねばならぬ吉田首相だけであった。自由党どころか、政府、通産省さえ、どれだけ熱心だったかは疑問である。

国管案当時も、政友、民政両党は貴族院諸派と同様、反対か、やむをえぬ賛成であった。積極的賛成は軍部と軍部の顔を立てねばならぬ近衛首相だった。ただ当時、永井逓相と逓信官僚とが強力な推進者となり、議会少数派の社会大衆党、右翼系小会派が支援役を務めた。今度はそんな応援団もなかった。

四月十一日、兼任通産相を解かれた池田の後を襲ったのは高瀬荘太郎である。そのとき会期は十日余を残すのみである。そもそも、こんな難しい法案をそんな短時日で通過させるのは無理だった。政府はこのため、衆参両院の並行審議という形をとった。これも議会人にカチンときた。

昔なら杉山陸相を国会に呼んで、軍部におどしをかけてもらうという手があった。今は米軍の間接統治の建て前上、そんな手はきかぬ。そこで高瀬―ケネディ会談という形を仕立てた。そして二十日に通産相談話を発表した。GHQの威を借りた国会対策である。談話は、「ケネディ氏から、現状では日本経済の再建に対して、いろいろ支障が多いから、早急に再編成を実行する必要があると述べられた。これは今会期中に成立させないと、電源開発などへの援助にも悪影響を与えるということだと思う」というもので、法案を通さないと日発への見返り資金を止める、という脅迫がこめられていた（そして、その通り実行された）。

だが占領も五年目になっていた。GHQがいつまでも高飛車に押しつけてくることに、不満と反感が高まっていた。米国は平和と民主主義を与えてくれた救世主なのだが、そろそろ鼻についてきた。いわばナショナリズムの復活というべきムードになってきた。

四月二十一日から衆院通産委員会で審議が始まったが、福田一（自由党大野派）委員がさっそく嚙みついた。

福田委員　政府並びに与党のものが、何らかの圧力によって、われわれがこの法案を審議しなければならないというような印象を与えるということは、日本の議会政治確立の意味からいっても、民主化の意味からいっても、非常に面白くないことだと考えておるのであります。これについて大臣の所見をうかがいたい。

高瀬通産大臣　昨日ケネディ氏と会った時、ケネディ氏自身も自分たちの方から圧迫を加えるとかいう意図を決して持つものでないとはっきりいっております。私自身も、そんな意味で発言したおぼえはないのであります。

日本の国会も、ようやくこれくらいのことはいえるようになったのであり、事実、ＧＨＱの脅しは無視され、再編成案は国会で葬られることになった。もう一年、消極的抵抗が続いていれば、電気事業再編成は流れ、日発は生き残ることができたのである。

日発の幹部はそれを察知していた。日発は政治家以上に必死だった。政府案、つまり松永案を粉砕しなければ解体されてしまうのである。もう少し頑張ればよいのである。

総裁大西英一、副総裁桜井督三、総務理事森寿五郎、菅琴二、山本善次らは総力をあげた。総務部長清水元寿は新聞記者出身だけに、言論戦に得意の腕を振るい、調査部長の木村弥蔵は該博な知識をもって講演で説き、総裁室の近藤良貞はひそかに渉外工作に当たった。

山本総務理事は松永を赤坂の料亭に呼んだ。初対面同然なのに、勇敢にも敵の御大将を説得しようとしたのである。

「先生は実のところ実情にうといのです。日発を分断し、無力な配電会社と合わせてみてもどうにもならない。何とか思い止まっていただけないか」

「君の善意はよくわかる。しかしそれはそのまま君にいいたいことだ。他日かならずわかるときがくる」――と物別れに終わった。

水力発電に乏しい西日本の産業界でも相次いで再編成反対の動きが高まった。とりわけ大阪商工会議所、関西経済連合会、大阪工業会、関西経営者協会、関西産業復興会議が共同で再編成実施延期を提唱した。これがまた自由党を突き上げることになった。東京財界とて頼りないものであった。

重要産業協議会が戦後、日本産業協議会（のち経済団体連合会と合併）に改組され、ここで基幹産業の立場から電力再編成を検討したが、電力委員長は大西日発総裁であり、出てくる意見は電気事業再編成審議会の主文（三鬼案）に近かった。ともかく、軍部の圧力にもかかわらず、電力国営化に一応反対の態度を示した財界が、戦後の国営解体に何らはっきりした見解を示さず、その関心がもっぱら自分の会社のある地域への電源の配分問題と、電力料金は値上げしてほしくないという利害関係だけに注がれたことは記憶に止めておく必要がある。

松永の孤立化は、いよいよはっきりする。ただ関東、中部配電を中心に若手幹部の中から、大先輩に共鳴する者がふえ、それが松永の手足となって活躍するようになる。

高井関東配電社長の下に木川田一隆、岡次郎の両常務がひかえ、その幕下に水野久男、荘村義雄、南雲義人、山崎武彦、田中直治郎などがいた。

彼らは新橋の旅館に立てこもり、二十五年一月から六月にかけて、「電力再編成について大方諸彦の明識に訴う」「電気事業再編成の目的」「発送配電の一貫経営はなぜ必要か」「再編成後の料金の地域差は現在と変わらない」「再編成後の電力融通は円滑に行なえる」「分割によって電力不足は増さない」「電源開発の促進には分割がよい」「電力融通会社案は再編成の目的にそい難い」「縮小融通会社案も現実性がない」「電気事業公営論を反駁する」というパンフレットを次々に書き上げ、九配電会社名で各方面へ配布した（ただ数多いパンフレットの中で、再編成すると電力料金が上がるという指摘はなかった）。

関西配電の芦原義重も関東の木川田、中部の横山に同調して、松永の幕下に加わった。彼らは孤立無援の松永にとって頼もしい若手参謀だった。

参考文献

▽『再編成史』▽宇佐美省吾『電力の鬼』▽松永安左ェ門『電力再編成の憶い出』電力新報社、昭和五十一年▽松永耳庵『桑楡録』▽松永安左ェ門『淡淡録』▽原田運治「電力の鬼と一言論人」（『憶い出』中巻）▽進藤武左衛門「お前はインフレ副総裁」（『憶い出』上巻）▽小室恒夫「事務局長退場を命ず」（『憶い出』上巻）▽三鬼陽之助『財界首脳部』文芸春秋新社、昭和三十七年▽『経済団体連合会前史』▽土師二三生『人間池田勇人』講談社、昭和四十二年▽池田勇人「初一念」（『憶い出』下巻）▽池田満枝「私にとってはお茶の師匠」（『憶い出』上巻）▽神谷不二『朝鮮戦争』中公新書、昭和四十一年▽『日発史』▽『経済団体連合会十年史・上』経済団体連合会、昭和三十七年

第3章　強権

審議未了

電気事業再編成法、公益事業法の二案が国会に提出されたのは昭和二十五年四月二十日で、五月二日の閉会まで時間はなかった。各党のほとんどが反対している法案を押し切るのはGHQの強権だけだが、講和条約調印を一年後にひかえて、この伝家の宝刀も、以前のような切れ味はないかにみえた。

政府も本当に押し切るつもりがあったのか疑問である。担当の通産大臣として高瀬荘太郎が、文相のまま兼任するようになったのは、法案提出九日前の四月十一日。高瀬は東京商大（現一橋大）学長を経験した会計学の学者、「グッドウイル（のれん）」の研究で知られている。参院緑風会に在籍し、新聞の人物評では「消極的な紳士」とある。学者好みの吉田茂に政界にひっぱり出されたのであるが、電気事業再編成の審議という修羅場を扱うには不向きであった。

一方、これをやっつけようと手ぐすねをひく国会側には猛者がそろっていた。衆院通産委員会の委員長は与党自由党の大野伴睦だが、大野こそは再編成のもっとも手強い反対者であった。大野は電気事業再編成がポツダム政令で強行された後も、陰に陽に日発復活に力を入れ、ついに国策会社「電源開発会社」設立の強力な推進者となる（ちなみに自由党党人派の一方の旗頭、河野一郎は原子力発電を民間電力会社で開発するのにもっとも強く反対した）。

自由党の中の反官僚派たるべき党人派が、基幹産業の国営に賛成し、民営に反対するのは奇妙なことに思われる。党人派は民営案を推進する官僚派にアテつけるために反対したのか。大野にしてみれば吉田に対する反感があったろう。しかし、もっと重要な原因は、電源開発工事を請負う間組など土建会社と大野とのつながりが深かったことであろう。電気事業の経営形態がどうあろうと電源開発は行なわれる。しかし、一部土建業界はなぜか国営の方、つまり日発維持に賛成するのである。

ともかく大野委員長の下、委員会には不思議に大野派が多かった。有田二郎、神田博、村上勇、福田篤泰、福田一の面々であり、いずれも手八丁、口八丁の人びとであった。参院の電力特別委員会にも佐々木良作元電産書記長、石原幹市郎元福島県知事といった日発擁護論者がひかえていた。これでは、はじめから勝負がついていたようなものである。

ただ、当時の国会は昨今流行の審議拒否などの姑息な手段をとらず、日本の国会としてはかなり程度の高い論戦が行なわれたことは特筆すべきであろう。

〔四月二十六日衆院通産委〕

村上勇（自由）　電力が非常に不足している現状で再編成を実施するのは少し無謀ではないか。電気料金の地域差が広がり、九州、中国の産業を破滅に導くのではないか。地域間の電力融通は、今日日発が全国統一しても思うようにいかないのに、九分割されたらどうなるのか。

福田一（自由）　政府は電気事業が国家管理なるがために、将来の日本の平和国家建設について有害であるとされるのか。しからば鉄道はどうか。電気がそうなら、鉄道についてもこのような考え方でのぞまれるのか。

高瀬通産相　現在は鉄道についてそういうことを考えておりません。

福田　ただ今の答弁ははなはだ要領をえない。なぜ電気に限って民営にするのか。これはもう集排法で決まっているから仕方がない、こういわれるのか。

福田　北海道や四国のように電源開発コストの高い電力会社は、損をしてまで開発しない場合が多いだろう。むしろこぢんまりと経営して利潤を上げるという方向へ向かうと思うが、どうか。

通産相　そうならないと存じます。

〔四月二十七日、同〕

今澄勇（社会）　日発と九配電会社が集排法の適用を受けているのに、日発だけが分断され、配電会社は逆に日発分を合わせて大規模会社になる。これは私的独占の強化を図るもので、かえって集排法の精神に反しないか。

今澄　電気は空気、水に次ぐ生活の必需品である。だいたい物価は戦前の二百二十五倍、石炭は三百数十倍に上がっているのに電気は九十四倍にとどまっておるということは、国家的な管理統制が行なわれている、そういう大きな美点がある。しからば九分割によって電力料金はさらにうんと安くして、豊富に供給することを大臣は確信できるか。

通産相　私はそれができるという信念をもってやっておるわけですから、全力を尽くして施策をやってまいるつもりであります。

今澄　経済の民主化をいうなら、労働者の経営に対する発言権も大いに認めて、労使対等の立場で経営、運営に当たらなければならないと思うが。

通産相　新会社ができた上で、会社の経営当局と労働組合との関係で解決されるべきものと考えています。

今澄　労働者の経営に対する発言権は労働立法のみで推進できない。これはやはり経済立法で労働者の発言権を認めねばならないと思う。

伊藤憲一（共産）　電力を支配するものは全産業を支配する。この電力行政を司る公益事業委員会が五人の人間によって一切を牛耳る。これは第四権とでもいいますか、立法権も、司法権も、行政権も兼ね備えている機関ができるということになりますが。

通産相　公益事業委員会の委員は国会の承認を得て任命されるもので、御心配になるような点はないと考えます。

〔四月二十九日、同〕

坂本泰良（社会）　諸外国の例をみても、今度の九分割、電源と配電をいっしょにするというのは日本が初めてじゃないか。電力が集排法の指定を受けたのは、ポツダム宣言による日本の軍事力の破壊ということだろうが、新憲法が実施されて、日本の軍事力の再建はほとんど考えられない。電力にもとづく軍事力の再建が考えられないのだから、日発の集排法指定を解除してもらうよう政府は努力すべきでないか。

多武良哲三（自由）　重要なポイントを公益事業委の決定に任せるというような法律は国家総動員法以上のもので、国会を無視する法案でないかと考えるのであります。

四月二十八日、参院電力特別委員会が開いた公聴会でも電力私営化への反対は圧倒的だった。

真っ先に立った全九州電力需要者大会実行委員で長崎の鉄工場主と称する青木勇は、「地域別独立採算制とか、完全私企業化といったイデオロギーにこだわるな。公益事業委は電気事業の利益を擁護する度合いが強い」と、政府案に反対した。北海道電力問題連絡協議会の斎藤藤吉の発言はもっと切実だった。

「北海道で三十三万キロワットの電源を開発しなくてはならぬが、それには四百億円の巨額な資金が必要だ。それを日発、配電の全資産の四％に過ぎぬ分断会社がどうして調達できるか。そして地域別コストとなると、やがて北陸の三倍の料金に相成る。これでは四百二十万の道民はどうなるか。北海道の経済はどうなるか」

基幹産業を代弁して日本産業協議会の仲矢虎夫産業部長は、表現はあいまいながら、内容は明らかに反対意見だった。「どうもこの問題は自由か統制かというイデオロギーの観点から論議されているキライがありますが、敗戦国日本が現に当面している客観的事実に立脚して、あくまで経済的合理性を徹底すべきでございます」と、再編成をイデオロギー論ときめつけてしまった。電力のコストの大きな部分を税金で負担させて、安い電力を使おうという産業資本のエゴイズムを「経済合理性」といい切って、何らはばかることがなかった。

労働界を代表する清水慎三総同盟調査部長も、もちろん反対で、「分断でなく、一元的社会化を」と主張し「公益事業委はGHQのある限り強力だが、講和後は捨て子同様のものになるだろう」と予言した（この予言は的中する。もっとも委員会をつぶしたのは清水氏の如き進歩派でなく、〝反動的〟吉田政権ではあったが）。

ともかく、いわゆる〝独占資本〟も、労働組合も労使一致しての反対陳述であった。

土屋清朝日新聞論説委員も、経営学者の高宮晋も反対だった。技術専門家を代表した瀬藤象二（せとうしょうじ）東大第二工学部長（のち東芝専務）、内海清温（うつみきよはる）建設技術研究所長（元日発理事）も反対した。

もう、こうなったら仕方がない、というあいまいな賛成論があったが、明快に民営に賛成したのは品川白煉瓦社長の青木均一と京阪神急行社長の太田垣士郎の二人であった。

青木均一はずけずけといった。

「今は、形は株式会社でありますが、実体は電力配給公団であり、価格調整公団であり、責任を持った企業とはいい難い」

「巷間聞くところでは、土建業者は日発が分割されるより、現在のままの方が彼らの利害関係からして望ましいというウワサさえあります。これはウワサですから、かかる席上問題にできませんが、かように日発が独占して開発に当たる場合、その建設費と建設計画が妥当であるかどうかについて判定する手段がないのであります」

「もちろん電力料金が上がるということは、いかなる場合でも産業者としては喜びはしません。しかし石炭、運賃、賃金は上がってもよい、電力だけは一文も上がってはいけないという議論は、成り立たぬように思います」

「原価の計算の基礎になるものは、あるがままの自然な形であります。人為を加えないところの自然の条件であります。それが工場立地のいちばん大事な問題である。電気の豊富低廉なところに電解肥料工業が、石灰が安く買えるところにセメント工業が、鉄鉱、石炭が安く得られるところに鉄鋼業が起きる。極端な場合を申しますと、九州、北海道のような電力の比較的乏しい不利なところに、電力をもっとも使う化学工業が盛んになるというのは、プール計算による全国一律料金の矛盾でありますす」（仲矢にあえていうなら、こういう議論こそ「経済的合理性を徹底した」といえるのである）。

しかし青木の率直な賛成論は議員諸氏には不快だった。公述人は十四人、一人当たり意見開陳十五分、質問五分計二十分の持ち時間なのに、青木に社会党議員を中心に質問が集中、延々二時間にわたってつるし上げの状態となり、昼食の休憩でやっと解放された。

太田垣は終始経営者の立場で発言した。

「国家管理統制は経営者の企業意欲というものを全然無視しており、経営者のもっとも重大であるところの責任の帰趨というものが不明確で、企業意欲をもっとも刺激するはずの独立採算ということを無視しております」

「たとえば労働問題を取り上げてみましょう。気のきいた会社ならば、もう組合との間で一年も二年も前に解決のついているスト中の賃金を支払うべきかどうかについて、いまだにもんで、需要者に迷惑をかけている」

「自分の役員報酬さえ、役所や他の会社に相談しなければ決めることができない経営者が、労働者と対等に交渉して、これらの人びとの労働意欲を向上してサービスの改良を図るということはとうていできないと思う。したがって電産は組合としてもっとも強いが、これに対抗する経営者は経営者の中でもっとも弱いとまで批判されているのであります」

「電気事業再編成は、今にしてこれを断行せざれば悔いを百年の後に残すと私は信ずるものでありますから、私は本法案に賛成いたします」

だが青木、太田垣のせっかくの弁論も議会人を説得することはできなかった。無駄だったのかもしれぬ。しかし、じっと聞いている人物がいた。松永安左ェ門である。おそらくこの時、青木を東京電力の社外重役に、太田垣を関西電力社長にする決断がついたであろう。

公聴会のあとも議員たちは政府委員を攻めた。閉会日の五月二日がやってきた。政府は法案成立をあきらめたが、せめて継続審議にしたかった。同日政府与党会議で激論したが、大野の率いる通産委員が強硬でまとまらず、結局、夜十二時ぎりぎりで、審議未了と決定した。再編成二案は流れた。

ポツダム政令

ＧＨＱは、取り立てて何もいわなかった。それを見越して政府、与党が六月十三、十四日の両日開いた連絡会議では、再編成関係法案を慎重に再検討する必要があるという意見が支配的となり、二十日の閣議で七月開会の第八臨時国会に提案しないことを決めた。

翌六月二十一日、高瀬通産相がこのことを報告するためＧＨＱを訪れたが、マーカット経済科学局長は不快気だった。マーカットに代わってケネディ顧問は閣議の決定は遺憾だとし、四月二十五日の高瀬―ケネディ会談で示唆した電源開発に対する見返り資金の融資停止はおどしではないと言明した。しかし高瀬通産相も、なすところないままに、内閣改造で辞任し、六月二十九日に横尾龍（よこおしげみ）が後を継いだ。実にこの年になって四人目の通産大臣である。

新大臣の横尾は七月五日にマーカットと初会合した席で、マーカットから最後通告ともいえるメッセージを突きつけられた。

「電力会社は、これを再編成するために集排指定会社に指定されているが、指定会社が通常適用されるべき制限が緩和されている。その理由は電気事業再編成が進んで、その法案がすでに国会に提出されていたからである。しかるに再編成が進展しないというのでは、電力会社も制限会社としての制限を受けねばならず、今後は見返り資金の融資も受けられないであろう。本職より通産大臣に了解を求めたいのは、電気事業再編成は非常に重要な問題であり、できる限りこれを促進させることに、あらゆる努力を払ってもらいたいということである」

日本政府はマーカットをなめたのか、それとも政府、与党の情勢はもはや、いかんともしがたくなったためか、十日に内閣官房長官名でケネディに次の文書を出すにとどまり、十二日から開会した第八国会に既定方針通り再編成関係法案を提出しなかった。

「政府は七月中に地方税法案を成立させるため全力を傾けているが、電力再編成関係法案を合わせ提出すると、地方税法案の審議が遅れ地方財政に重大な影響を及ぼす恐れがある。次の臨時国会でかならず電力再編成関係法案を成立させる決意を持っているから、総司令部においても政府の立場を了とせられ、見返り資金の運用についても同情ある御配慮をお願いしたい」

これに対するケネディの回答は見返り資金の融資停止の実行であった。マーカットもケネディもしびれを切らして、ついに実力行使に出た。ＧＨＱはさらに七月二十三日、持株会社整理委員会を通じて、集排法の指定会社たる日発および九配電会社は、再編成法案の成立まで、設備の新設、拡張、移設と増資、社債の発行は一切認められないと通告した。ＧＨＱは本当に伝家の宝刀を抜いたのである。

日発にとってこれは痛かった。復興金融金庫の停止後、見返り資金こそ最大の融資源であり、すでに二十四年度は七十九億円を借り入れ、二十五年度は九十三億円をアテにしていた。ともかく日発と九配電会社は小規模の修繕を除く、電気に関する新工事は一切できなくなった。

電力界だけではなかった。土建業界、電気機器、電線、セメントなどの関連産業には大きな打撃だった。問題はもっと深刻だった。敗戦で打ちひしがれた産業界は、朝鮮戦争による特需の増大で立ち直りのきっかけをつかんだのに、それに応じる電源開発ができないのでは、せっかくのチャンスをのがすことになる。

電力再編成は政治問題からふたたび経済問題に引き戻された。

あわてた政府は姑息な手段をとった。電力再編成反対の中心である日発の総裁、副総裁の首を切り、両人をスケープゴートに仕立ててGHQをなだめようとした。横尾通産相は九月六日、官邸に大西、桜井正副総裁を招いて辞任を勧告した。二人は即答できず、九日の日発理事会にはかった。理事会は悲憤慷慨する者が支配するところとなり、収拾がつかぬ。桜井副総裁は座を抜けて通産省の政務、事務両次官に結論を他日に延ばしたいと申し入れたが、両次官は今日中に返事をもらいたいというばかりである。そして辞表を出さねば日発法第三十八条による罷免権を発動して解任することをほのめかした。

辞職か、罷免かは大西、桜井にとってつらい選択だった。政府およびGHQの横暴を明らかにするには罷免を選ぶべきで、現に理事会でも強硬派がそう主張した。しかしこれ以上タテつくことが、日発にとって得策かどうか自信が持てない。それにサラリーマン経営者にとって辞職だと退職金はもらえるが、罷免だともらえないこともつらかった。通産省から桜井が戻ったあとも理事会は続いたが、政府の顔を立てる必要があり、この辺で辞職を認めてほしいと懇願した。理事会は涙をのんでこれを了承した。総裁、副総裁はただちに横尾通産相にこの旨報告、辞表を出した。夜七時になっていた。

　電産もまた、この人事干渉に憤激した。九月八日、藤田進委員長は勇敢にもＧＨＱにケネディを訪れ難詰した。ケネディは「経済科学局は何ら関知するところでない」と逃げた。十二日にも門馬副委員長が押しかけたが、ケネディは、「政府がこんなことができるのも、日発法その他で政府が人事干渉権を持っているためである。民主的再編成をすれば、こんなことができなくなる」と逆ねじをくらわせた。

　日発総裁の辞職で、ＧＨＱは満足しなかった。政府は総裁更迭を引き出物にＧＨＱと見返り資金の融資再開を折衝したが、ＧＨＱは再編成の結論が出るまで認めぬという方針をいささかも変えなかった。辞職は無駄だったのである。政府はあわてたあまり後任を決めていなかった。とりあえず総務理事森寿五郎を総裁心得にした。こうして社員選挙で選ばれた〝民主的〟総裁大西は、電産の支援にもかかわらず不本意にやめねばならなかった。

　日発総裁更迭でダメなら、やはり電力再編成を進めねばならない。しかし情勢は混沌とするばかりだった。民主党は新たに日発を五分割（北海道・本州東部・本州西部・四国・九州）し、九配電を都道府県単位に細分割する案を十月に発表した。与党自由党も六月二十二日に電気事業再編成特別委員会（星島二郎委員長）を設けて政府案の再検討に乗り出した。九月に自由党政調会は電源開発融資のための「電源開発金庫」案を発表した。これがあればＧＨＱの見返り資金融資打切りに対抗できるはずであった。

しかも日時がたつにつれ、九分割される電源の帰属をめぐって、各地区の産業界、地方自治体、代議士の連合軍が、他地区の連合軍と猛烈な電源獲得戦をひきおこした。電源地帯を持つ地区は電源を他に渡すことに反対し、消費地帯の地区はもっと電源を寄こせと主張した。北陸、中部対関西がもっとも激しく、ために自由党の内部は出身地区別に分裂した。それが配電会社にはね返って、再編成促進に団結しているはずの九配電の足並みを乱す恐れがあった。

通産省はこの混乱の中で、日発が買収した自家発電所を地方自治体に復元する条項を織り込んだ修正案をつくって政治家をなだめようとしたが、今度はＧＨＱが承知しなかった。ついに十一月二十一日には第九臨時国会が開かれたが、自由党にも政府にも何の成案もなかった。電源開発中絶のまま日時はいたずらに過ぎた。もはや二人の人物のほかは、だれ一人として解決の手段を持たなかった。その二人とは、全能のマッカーサー元帥とワンマンの吉田首相である。

マッカーサー元帥個人が電力再編成にそれほどこだわっていたかどうかは疑問である。しかし天皇の上の天皇、政府の上の政府として日本に君臨していたマッカーサーと彼の総司令部が、次第に日本人からうとんじられ、電力再編成の促進をたびたび要請しても、以前のように恐れおののいて従わなくなったのは腹にすえかねた。講和条約調印近しといえども、依然として絶対権力はマッカーサーとＧＨＱが握っていることを、生意気になってきた日本人に示してやる必要を感じたであろう。

吉田首相は日本の独立をその最大の政治的使命としていた。通産相兼任を解かれた池田蔵相を四月末、米国の財政経済事情視察のため出張させたが、本当のねらいはＧＨＱの目を盗んで、直接ワシントンに対日講和の可能性を打診することであった。だからといって吉田は、ことさらＧＨＱと事をかまえるつもりはなかった。むしろ第二義的なことはＧＨＱにゆずり、ＧＨＱの顔を立てて、肝心の講和問題に邪魔立てさせないようにしたかった。吉田にとって電力再編成は、ひっきょう第二義的なものだった。もし再編成が日本にとって不都合なら、日本が独立したあかつきにそれをやめればよいのである（事実、吉田は米国流の公益事業委を間もなく廃止した）。

こうして第九国会召集日の翌二十二日の午後、連合国最高司令官マッカーサー元帥名の書簡が日本国首相吉田茂にとどいた。内容は「総司令部の了承する第七国会提出の政府案を基本に電気事業再編成を早く解決せよ」というものだったといわれる。間髪を入れず、政府原案、つまりは松永案をほぼそのままの電気事業再編成令、公益事業令の二つが十一月二十四日公布、十二月十五日から実施された。国会の審議を不要とし、占領軍司令官の大権にもとづく、いわゆるポツダム政令であった。マッカーサーの権威は失われてはいなかった。これで一切は解決した。

国会も新聞も、国会開会中のポツダム政令の強行を、国権の最高機関である国会の審議権を無視したものとして吉田内閣をののしった（しかし、まだ直接マッカーサーの悪口をいうほどの勇気はなかった）。しかし昔の議会人は覚えていたであろう。日発が出力五千キロワット以上の水力発電所を強制買収し、配電会社を国家管理にした第二次国管は、議会の審議を避け、ポツダム政令ならぬ国家総動員法にもとづく勅令で実施されたことを。日発は国家総動員法で確立され、ポツダム政令で亡んだのである。

故郷忘じ難く

首相吉田茂は二つの電力人事を自分で決めなければならなかった。日発総裁の後任と公益事業委員会委員である。

日発総裁はやがて解体される日発の葬式役を務める最後の総裁である。与党と気脈を通じる日発幹部と、激烈な闘争心にあふれる電産を抑えてやりとげるには相当の実力を要する。政府部内では、財界の実力者で、吉田と親しい小林中（こばやしあたる）のうわさが出た。松永はそれが気に入らなかった。小林は甲州商人の流れを汲み、帝人株の処理をめぐる帝人事件の被告だった（裁判は無罪となる）。日発の清算に当たって資産や株式を処分する際、外部と結んで当事者以外の者に利益を与え、恩を売る恐れなしとはせぬ。それくらいなら正直者の大西の方がましだと考え、辞任前の大西総裁を激励したりしていた。

後年、松永は「今からみれば小林君の人柄を知らなかったわけで、私の思い過ごし」といっているが、本音は、いずれ立ち向かわねばならぬ敵方の総大将は小林中の如き強敵よりも、弱い敵の方がよかったのであろう。

しかし、吉田は杉浦重剛の日本中学の同窓であり、自分が浜口内閣の外務事務次官時代、拓務政務次官だった小坂順造を選んだ。自由党内は広川弘禅幹事長らが森寿五郎の昇格を主張しており、これも党内で不評だった吉田の独善人事の一例とされた。だから小坂は受諾に当たって党内の反対を心配したが、吉田は「党内はおれがまとめて断じて反対はさせぬ」とキッパリいった。そして「電力界の現状が心配だ。ひとつ君が出馬して、思いのまま整理してくれ」と頼んだ。小坂は承諾した。しかし吉田のこの依頼の言を、小坂は日発にとどまらず、電力業界全体のことを自分にまかされたと取った。これが小坂対松永の対立の大きな原因となった。

松永は当初この人事を歓迎した。小坂は古い友人であり、長野県を代表して松永が社長の東邦電力の取締役を務めた。そして何よりも電力の国家管理、日発の設立に最後まで反対した同志だった。軍部横暴時代に二人はともに引退した。小坂家の経営する信濃毎日新聞は自由主義的傾向を守り、主筆桐生悠々の書いた論説「関東防空大演習を嗤ふ」は軍部を怒らせ、在郷軍人会からボイコットを受けた。二人とも頑固な自由主義者であった。

したがって、日発および電産が小坂新総裁を松永の手先とみ、自分たちをつぶしにきたと取ったのも無理からぬことである。「小坂総裁反対」のビラが日発の社内のいたるところにベタベタとはられた。順造の俊秀の二人の息子、善太郎代議士と徳三郎信越化学副社長は、七十五歳の老いた父がいわば敵中に乗り込むのに強い不安を感じた。順造が吉田首相に受諾方を返答した二十五年十月六日の翌日、順造、徳三郎父子はひそかに日発の矢萩富吉秘書役理事と近藤良貞資材部次長を信越化学本社に招いて、日発の内部事情を聞いた。矢萩はくわしく実情を語った。順造はいった。「重役が一致して私の総裁に反対しているということだが、そんな中に入って果たして仕事ができるのか。君たちはどう思うか」

矢萩は黙ってしまった。近藤は初対面の順造の足がもつれ、舌も幾分もつれているのを危なっかしく感じていたところへ、この気の弱い質問である。今さら何をいうのか。たまりかねた近藤は答えた。

「失礼でありますが、あなたがそんなことを気にしておいでになるのだったら初めから勝負は決まっています。総裁就任を断念された方がよいでしょう。あえていわせていただくなら、日発の重役とは申しながら、これすべて社員から昇った者ばかり、一介のサラリーマンに過ぎません。サラリーマンにとって首を切られるほどこわいものはありません。あなたが総裁に就任されて、なおかつ反対する者は遠慮なく首を切られたらよいでしょう。そこまで腹をすえてかかれば、おそらくだれ一人としてあなたに楯つく者はいないでしょう」

順造は黙ってこの気負った発言を聞いていた。しかし彼の覚悟はついた。そして腹心の参謀として、この近藤良貞を使うことを決めた。

小坂は何としても業界に暗い。そこで東京電燈の最後の社長、東京配電の初代社長、日発総裁を追放された新井章治と、松永の義兄で最後の東邦電力社長の竹岡陽一を日発の顧問に迎えることとし、当時、大分県中津にひっこんでいた竹岡に電報で上京を促した。しかし新井は追放の身であるとして断わると同時に、松永の義兄を顧問にすれば日発内部の反小坂熱をあおるだけであるとして、小坂と竹岡本人に辞退を求めた。この話はうやむやになった。新井のいう通りだったかもしれぬ。

しかし松永にものがいえて、しかも温厚な竹岡が顧問だったら、あるいは小坂対松永のストレートな対立の緩衝役になっていたかもしれぬ。いずれにしろ、この件は、小坂に依頼され竹岡に上京せよとの電報を打った松永にとって不快であり、小坂と新井に対して不信感を持つ最初のケースであった。

小坂順造

小坂順造は十月十三日、日発総裁に発令された。同日午後、小坂は徳三郎をともなって初出社した。廊下の壁一面にはられた小坂総裁反対のビラを一べつして総裁室に入り、森総裁心得から事務引継ぎを受けたあと、役職員一同を集めて、次のような就任のあいさつをした。

「私は壮年時代、三十余年電気事業に従事したが、電力統制実施以来十余年を経た今日、当社の責任者たることを承知したのは、まことに〝故郷忘じ難し〟との感からである。諸君は私がいかなる心持ちで諸君に接するつもりか聞きたいと思われるであろう。

私はトルストイの『戦争と平和』で、まさにモスクワがナポレオンにふみにじられようとした時のロシアの総司令官クトゥゾフ将軍を評した、彼の高級参謀の言を引用したい。

『老将軍は今日いかにしてよいかを知らぬ様子である。またいかにすべきかの計画も持っていない。しかし彼はよく耳を傾けて人の意見を聞く。それがため良いことを妨げられることはないし、同時に悪いことは断乎として許さぬ。世の中には自分の意志のみをもってしては、いかんともなしがたいことのあるを知っており、それゆえ事件の真相をつかむことができ、よけいなことに手出しはしない』

私もまた心を開いて諸君の考えるところを聞きたい。電力事業の将来がどうあろうと、本社に在籍する諸君については一人の失業者も出さないつもりである。また多数の株主の利益もできるだけ守るつもりである。およそ物事にはできること、できないことがある。できないことをやれといわれては無理だが、できることは私が全力を挙げる。諸君はおやじを迎えた心持ちで、私を信頼し、支持していただきたい」

このトルストイを引用した情理を尽くしたあいさつは、威勢の良い電産の闘士たちの調子を狂わせた。時の流れのいかんともしがたい中で、諸君たちをあくまで守ると、じゅんじゅんとして説く小坂の誠意ある態度は、絶対反対でこり固まった日発職員に「あるいはそうかもしれぬ」と思わせる何かがあった。

同日、新井章治は追放を解除され、事実上日発のカゲの顧問役となった。三十日、小坂総裁は初人事を発表し、近藤良貞を総務部長に任じた。松永に対抗する日発側の体制がこれで整った。

参考文献

▽『再編成史』▽『日発史』▽青木均一「国営是か民営是か」（『証言』）▽『日発業務史』▽土師二三生『人間

池田勇人』▽宇佐美省吾『電力の鬼』▽『小坂順造』▽『新井章治』▽松永安左ェ門『電力再編成の憶い出』
▽近藤良貞『電力再編成日記抄』＝以下『日記』と略＝光風社書店、昭和四十五年

第4章　激突

公益事業委員会

吉田茂首相は、また公益事業委員会の五人の委員を選ばねばならなかった。準司法的権能を持つ行政委員会は、戦後米国から押しつけられたもので、もともと日本の風土になじまなかった。政府、官僚、政党（革新も含む）にとって、自分たちからの独自性を保つ委員会は邪魔だった。財界、業界も煙たがった（日本の独立とともに、やがて公益事業委は通産省、証券取引委員会は大蔵省にそれぞれ吸収された。残る委員会も所管の各省に押さえ込まれた形で、今も気を吐いているのは公正取引委員会ぐらいである）。

公益事業委は「公益事業（電気、ガス）の運営を調整し及びその発達改善を図る」（公益事業令）ために事業の許認可を含む広範な権限を有する。とくに料金の認可権を持ったことは大きい。しかも他の行政委員会とは異なり、公益事業委は持株会社整理委員会から経済力集中排除法にもとづく一切の職権を委任された。この職権は日本製鉄、王子製紙、三菱重工業など十一の大企業を文句なしに分割させたほどの絶対権力であった。

かかる強大な権力を松永に持たせることの危険を吉田は感じていたであろう。池田成彬の松永についての評言（第Ⅲ部第1章「余人なし」参照）を思い出したであろう。また、所管の通産省が選んで吉田首相に提出した委員候補名簿は次の十二名をあげ、そこには松永の名はなかった。

新井章治、増田次郎、松田太郎（前通産次官）、渡辺扶（わたなべたすく）（元横浜ガス社長）、伊藤忠兵衛（伊藤忠会長）、工藤昭四郎、杉道助（大阪商工会議所会頭）、飯田精太郎（前参院議員）、岡松成太郎（元商工次官）、小坂順造、海東要造（東亜合成社長）、藤山愛一郎（日糖社長）――通産省としては委員長に新井を押したかった。あの日発擁護、再編成反対の新井を。

だが吉田首相と、その私的顧問を自任する小坂は、委員長には新井でなく、戦前小坂、松永とともに電力国管に果敢に反対した法学博士松本烝治を選んだ。同じ東大法学部の美濃部達吉博士の息子亮吉は当時、小坂の女婿だった。小坂は亮吉を使って松本の出馬を説得し、ついに承諾させた。委員長が電気事業の素人なら、だれか玄人を委員に選ばねばならぬ。しかし通産省名簿にある電力人新井、増田、小坂の三人は解体されるべき日発の総裁またはその経験者である。それでは松永を……との声は当然でてくる。

小坂はためらう吉田を説得した。「松永君に反対される気持ちはよくわかる。しかしながら何といっても、このたびの再編成案を作り上げたのは松永君である。その松永君を再編成の仕上げをする公益事業委員に加えないということは、世間に対していかにも片手落ちの感じを与える。委員長とまではいわないが、せめて委員の一人に加えるべきだ」――小坂と松永の友情はなお生きていた。

吉田は決断した。松本委員長の下、松永、宮原清（神島化学社長）、河上弘一（元興銀総裁）、伊藤忠兵衛の四委員が決まった。他に政治家石井光次郎の名も上がったが、これは消えた。一説によれば「松永は委員長ならともかく、平委員では承知すまい。その場合に石井を」ということだったらしい。電気事業再編成審議会会長が平委員になる、格下げとみて当然だろう。しかし、松永は片々たるメンツより再編成を自分の手でやりとげることに執念を燃やしていた。二つ返事で引き受け、断るのを期待していた人びとを失望させた。石井はアテ馬にされてしまった。

昭和二十五年十二月十五日に公益事業委が発足、ただちに五委員が発令された。松本委員長は、「松永さんを委員長代理にしてほしい」といい出し、そうなる。松永はＧＨＱのケネディをじっとつかんで離さなかったように、今度は松本委員長をしっかりつかんだ。のち電源開発会社総裁になった大堀弘は、当時公益事業委総務課長だったが、委員会の運営について「再編成の実務はほとんど松永委員長代理の手によって進められた。しかしあの強引な松永翁がいったん松本先生に対した時の態度はあたかも生徒の先生に対するようで、全然頭があがらないとの表現につきる。私らが側近にいて真に不思議に思った」といっている。

これは松永一流の高等戦術だったのかどうか。ともかく松本―松永は一体となり、以後、公益事業委に対するあらゆる方面からの攻撃をはねのけることになる。

公益事業委は政府機関であり、とにもかくにもお役所である。事務局は担当の通産省で構成しなければならぬ。通産省とすれば、公益委は自分たちの縄張りの電力行政を奪ったにくい存在である。委員は人のいうことなど聞かぬ頑固な老人ばかりである。通産省はどんな人間を送り込むべきか苦心したであろう。しかし事務次官山本高行は最良の人材を送り込むことにする。

事務総長は委員候補にもあげられた前次官の松田太郎、経理長に中川哲郎（元電政課長、経済安定本部官房次長）をあて、課長級に俊英をそろえる。総務課長に大堀、調査課長小島慶三、審査課長渡辺佳英、監理課長高島節男等々。彼らは官僚をにくむ松永委員長代理のしごきによく耐えて電気事業再編成の業務に精力的に取り組んだ。逓信官僚がわずか一年で電力国管を処理した如く、通産官僚は二十六年五月一日の新電力会社発足を目指して頑張った。彼らの頑張りは役人ぎらいの松永の目にもとまり、いくらか役人の事務能力を見直すところもあったようである。

小坂対松永

電気事業再編成実施日程はきわめてきつかった。二十六年二月八日＝日発および配電会社の再編成計画の公益事業委への提出。二月二十三日＝公益委の指令案通達。三月十日＝指令案に対する聴聞会。三月三十日＝決定指令通告。四月二十九日＝決定に対する不服申し立て期限。五月一日＝新会社発足――このハード・スケジュールを公益委が申し渡したのが一月八日であり、大日発の解体計画をきっかり一ヵ月でまとめねばならなかった。

ポツダム政令による再編成実施期日は十月一日となっていたのが、五ヵ月も繰り上がったのはＧＨＱ経済科学局顧問ケネディの任期が七月中に切れ、彼自身早く帰国したがっていたという個人的事情もあったろうが、根本は講和条約調印をひかえて、懸案事項をかたづけておきたいＧＨＱの焦りがあったのだろう。

電気事業再編成は建て前としては日発と九配電を解体して、まったく新しく九電力会社をつくるのである。しかし現実は日発が解体して、九配電会社に吸収されるように受け取られた。配電側はそのつもりでおり、日発はそうされるのを恐れた。再編成を実施する公益事業委は松永が指導しており、松永の旧部下と新しい参謀木川田、横山、芦原ら若手将校はすべて配電側に与していた。おそらく日発総裁がありふれた人物だったなら、松永および配電側にそのまま押し切られたであろう。しかし総裁はほかならぬ小坂だった。しかも小坂は吉田首相から再編成のことを任せられたと信じていた。

しかし本当のところ、もし小坂が首相の信任を信じて再編成をとりしきりたいのなら、日発総裁でなく公益事業委員長になるべきだったのである。ＧＨＱの圧力で解体された会社の社長は、これまでだれ一人として小坂のように派手に反抗する者はいなかった。松永にすれば、小坂はしょせん被解体会社の清算人に過ぎぬ。そんな者が再編成によけいな口出しをするのが片腹痛かった。こうして二人のウルトラ頑固老人の衝突は必然的であった。

日発を解体して九つの配電会社にくっつける。小坂はその際、出資されるべき日発の資本を極力大きく評価する。日発から入り込む役員の数をできる限り多くする——日発は解体される代わり、新会社における資本と役員の取り分を最大限確保しようとした。一方、松永は新会社における日発の出資比率を極力低め、日発擁護論者を新経営陣から極力排除しようとした。両者の対立はかくて株式引受け比率と役員人事にしぼられる。

小坂は早くから新会社、とくに東京、中部、関西三社の社長人事について腹案を立て、ひそかに本人に打診していた。東京・新井章治、関西・池尾芳蔵、中部・海東要造である。とりわけ新井は日発はもとより、電産十二万人の支持があり、通産官僚にも信頼され、初代社長を務めた関東配電内部にも威令がとどいていた。松永の参謀木川田関東配電常務といえども、新井の秘書課長を務めた身である。新井は電力業界を意の如く支配しようとする松永にとって、小坂以上に恐るべき強敵であった。したがって小坂と松永の最大の対立点は、電力業界のトップ企業東京電力の社長または会長に新井をつかせるかどうかにかかり、それをめぐって非情なまでの争いとなる。

小坂は日発事務当局が再編成計画書作成に余念のなかった一月十七日、東京・銀座の交詢社に記者団を集め「日発に三十六億円の含み資産がある」と発表、これを一部は渇水期対策費、一部は株主配当、大部分を電源開発、技術研究所基金、電気会館建設資金にあてると語った。いわゆる小坂の〝爆弾声明〟である。人びとは意外に思った。資本金三十億円、しかも金がなくてヒイヒイいっていた日発にそんなかくし金があろうとは。

二十五年一月になって、渇水期にかかわらず異常豊水にめぐまれ、石炭を計画通り焚かなくてすんだ。予算と実績の差額であり、日発経理部はこれを二十五年下期の石炭購入資金にあてるつもりだった。現に二十六年は昨年とうって変わって未曽有の渇水となり、朝鮮戦争による一般の需要増と相まって石炭代は騰貴していた。このかくし金がなければ二十六年初頭から春にかけ、石炭不足のため電力危機を招いているはずだった。結局、三十六億円のうち六億円は小坂の暴露のため国税庁に追徴され、三億円を配当金にまわし、あとは石炭代に消えてしまった。

小坂の爆弾声明は日発自身と監督官庁の通産省を困惑させた。配電会社もかくし金があるのではないかと疑われた。小坂は社内に異論があるとみるや、経理責任者の水岡平一郎総務理事を平理事におとし、「出社に及ばず」との強い措置をとった。『日発社史・総合編』には、この措置で「正義を愛する社員の信望」が小坂に集まったと書いてある。しかし『日発社史・業務編』は実務者の執筆だけに、含み資産については「当社の規模において資産の再評価が認められた場合は、償却金として当然当社の内部に蓄積される資金であると思われる。わずか一年前まで金融に困った当社が、円滑な資金の供給を継続するためには相当の自己資金が必要である。含み資産はこの間のいきさつを洞察することによって了解せられるであろう」と微妙な言い回しになっている。

松永もこれと同意見だった。「株式会社に含み資産があるのは当然で、むしろ含み資産が多いほど優良会社だといわれる。日発の資本金は三十億円だが、清算に際して評価された金額は二千二百億円余。戦後のインフレを経てきているのであるから、資産に含みがあるのは当然である」。したがって松永は配電会社に対して日発にみならうよう指導するようなことはしなかった。そんな金があるなら、それで電源開発を少しでも進めるべきだというのである。ある日、公益事業委にやってきた小坂に「イヨウ、爆弾将軍！」と大声でやじって、小坂を怒らせた。

小坂の暴露は二つのねらいがあった。大西総裁時代、日発は再編成に反対して巨額の運動資金を政治家その他の関係方面へ流しているといううわさが立ち、国会でも取り上げられた。したがって小坂は、この暴露によって日発と自身の清潔さを世間に強く印象づけたかったのである。それに渇水がなければ、この資金は九電力会社にそのまま引き継がれる。疑えば、松永のコントロールで不明朗な政治資金に使われるかもしれぬ。これを断ちたかったのである。しかし小坂のねらいの一つは成功した。小坂はクリーンの名をほしいままにし、松永に灰色の印象を与える結果になったからである。以後、両者のケンカに対し、世論は小坂に拍手をおくるようになった。


真正面からの公然たる衝突となったのは一月十九日、松永が東京・下落合の自邸に菅琴二日発総務理事、木川田関東配電常務、清水金次郎中部配電取締役を呼んで「日発と配電の株式引受け比率は一対一とする。これは鉄則である」と申し渡し、そのうえ「日発の清算はたいへんだろう。清算人は水岡平一郎君（日発総務理事）がよかろう」とつけ加えたことからである。

新会社株式の引受け比率は、日発が資産の時価評価主義、配電側が簿価主義を主張した。時価なら配電対日発は一対一・七四、簿価なら一対一となる。配電会社の配電施設は戦災の被害が大きく、日発の発送電施設は被害が少なかったからである。日発の株主は当然資産の実体価値にもとづく配分を要求するだろう。だが発送電施設をむりやり日発に取り上げられ、発送配電一体としての資産価値を

聴聞会における松永安左ェ門と松本烝治（左）

失った配電の株主は、そもそも電力国管による私有権の侵害にさかのぼって文句をいいたくなるだろう。

それにしても一対一の比率を既定の事実の如く強引に押しつけ、おまけに清算人の人選にまで口出しする松永の言動は小坂をいたく憤激させた（水岡は含み資産声明事件のあおりで総務理事を免ぜられるが、日発解散直前には復帰し、結局は関西電力監査役を兼ねながら、日発の清算人として立派に清算の仕事を果たす。二老人のけんかのとばっちりを蒙ったのである）。

それに東京に設ける新会社の名を「東京電力」にしようとする配電側と、「関東電力」を主張する日発との妥協もなかなかつかなかった。東京以外のどこも、関西も中部もブロック名をつけ、大阪電力とも名古屋電力ともいわぬではないか。それに戦前、東京電燈の関東地区になぐり込みをかけた東邦電力系の会社名は東京電力であった。またしても松永の差し金ではないか――日発人の頭にまた血がのぼるのである。

森寿五郎

しかし最大の争点は、日発と配電が新会社にはめ込む人事の取り合いであり、東京、中部、関西、とりわけ東京のトップ人事であった。各社の計画書、公益委の指令、聴聞会、決定指令、不服申立てという公式の場と、裏のかけ引きで、どこがどう揺れ動いたかを詳述するのは筆者と読者のゴシップ的興味を満足させるかもしれぬが、あまりにわずらわしすぎる。

人事をめぐる小坂対松永の争いは、結局は松永が勝ったということだろう。しかし、それが非難された如く配電偏重、松永の私閥人事だったのだろうか。最終的に九電力の取締役、監査役の総数百十四名のうち、日発二十名（一七％）、配電四十二名（三七％）、外部五十二名（四六％）となった。新会社に対する出資は日発三十億円、配電四十二億円、四二対五八だから人事面で日発は割り損だったといえるかもしれぬ。しかも外部も含めて、東邦電力出身者の数が多い。

ただ日発副総裁で、関西電力副社長になった森寿五郎が述懐している如く、「配電会社の社長級と、日発九支店の支店長とでは、どうひいき目にみても日発側が見劣りする。しかも配電側には現重役のほかに元役員の経験者もいる。つまり配電側の人物の層が厚い」という客観条件があったのである。

また松永は東京に次ぐ重大な関西電力の社長に、松永に協力的だった五島祐関西配電社長を横すべりさせることなく、太田垣士郎阪急電鉄社長を選んだ。人物と経営手腕と電力再編成への信念を買ったのだ。これに対する小坂の持ち駒は池尾芳蔵（元日発総裁、元日本電力社長）であった。地元財界の評価は圧倒的に太田垣であった。松永のこの人事はあくまで実力主義に立ったものである。

東京電力は、小坂の新井対松永の高井亮太郎（関東配電社長）だった。この場合、高井は太田垣たりえなかった。なぜなら、新井の実力と信望は池尾とは比較できなかったからである。松永は東京において新井をしのぐ人物をみつけえなかった。ただ電力国管に賛成し、電力再編成に反対し、電産が強力に推す新井に、電力業界トップの東電の支配権を渡すつもりはなかった。だから高井を推したのも、松永の配電会社への個人的ひいきの感情からでなく、高井の再編成への熱意を買ったからである。結局、新井の入閣は阻止できたが、高井も副社長に格下げとなり、初代社長は中立的な元日発副総裁安蔵弥輔が就任する。

松永人事は総じて私的利益をねらったものというよりは、再編成完遂のための人事であり、再編成への執念の現われとみなすべきであろう。

ただ松永は、彼の人事を実現させるために政治的に絶妙な手を打つ。東北電力の会長に吉田首相の側近白洲次郎、九州電力の会長に吉田の女婿である麻生太賀吉をすえる。九州会長に村上巧児（元九州電軌社長）を推していた小坂は完全に虚をつかれた。たえず小坂に松永の横暴ぶりを聞かされている吉田も、二人の側近を電力業界に入り込ませることに不愉快ではなかったろう。とりわけ白洲は松永支持に大きく傾く。吉田の信任を有力な武器とする小坂への強烈なパンチであった。

再編成人事が固まるにつれて、日発内部が動揺してきた。理屈は、どうせ日発解体は避けられぬ、絶対反対は焦土戦術で下策であり、配電会社と融和した方が得策というのである。そして配電側と通じ、新会社での立場をよくしようという保身の動きも加わった。それは電力国管が不可避となって、これまで反対していた電力会社が手のひらを返すように日発内での地歩確保に狂奔したのと軌を一にする。

日発側の機密情報がもれ、だれがスパイか疑心暗鬼となる。したがって小坂総裁は理事会で、「支店長の中に新会社へのみやげのつもりか、金をかくしたり、不急の貯蔵品を購入している形跡がある。またしきりに配電会社に媚態を呈し、交際費を使いすぎる者あるやに聞く。万一そのような事実が判明したときは厳重な処分をする」と訓示しなければならなかった。

いまや、日発と小坂にとって最強の支援勢力となった電産は〝敵〟と通謀する支店長や次長の名を内部告発し、その粛清方を強く迫った。東北支店長の白川應則理事も名をあげられた一人である。しかし白川は東北電力会長になる白洲に深く食いこみ、地元の代議士とのつながりも深く、さすがの小坂も処分はできなかった。

労使一体、強い団結力を示した日発もようやくヒビ割れが目立ってきた。

日発解体

日発および小坂は、世論および国会の支援を受けて、よく頑張ったといってよいだろう。株式引受け比率一対一の原則は変えられなかったが、日発株主には特別配当六億円を分配するとともに、清算費用として七億四千五百三十七万四千円が認められ、これが余った場合は特別配当に加算できることになった（日発の清算事務は大企業の割に順調に進み、清算費用も節約でき、結局一株当たりの特別配当は、日発が要求した二十五円を上回る三十二円になった）。

役員人事についても日発側の比重が当初より高まった。小坂はまだまだ不満だったろう。何よりも電力業界の主導権が、自分から松永へ移っていくことに耐えられなかったろう。しかし抵抗にも限度がある。

ＧＨＱは三月の時点では、公益事業委員会が日発を強引に押し切り、国会と電産を刺激したことに批判的だった。政治問題化するのがいやだったのである。しかし四月の時点で、日発がなおぐずぐずいっていることに強い不満を抱くようになった。二十四日、経済科学局のエヤース大佐はきっぱりいった。「私見だが、五月一日の実施を延期するほどの正当な理由はないように思われる。もし問題があるにしても、延期が日本経済と電気事業に及ぼす影響に比べれば、問題にならぬほど軽微である」——小坂の松永への反感など小さい、小さいといったのである。

吉田首相も決着の時がきたと思ったであろう。かくて公益事業委は二十五日、持株会社整理委員会の前委員長笹山忠夫を集排法の規定による日発の管理人に指名し、日発があくまで反対する時には、総裁でなく、管理人に日発解体の手続きをとらせるハラを固めた。小坂も今はこれまでと思った。二十九日、小坂と松本公益委員長は同道して、吉田首相に両者の話し合いがついたことを報告し、日発が首相に提出した不服申立ての取下げを申し出た。一切は落着した。

小坂は、自分が日発の最後の総裁という役割を知りながら、なぜこんなに執念深く抵抗したのか。どうやら総裁になって、日発そのものは悪い存在ではない。むしろ日発を分断するのは松永の陰謀に乗ることではないか。とりわけ日発技術陣を分散することなく、大規模電源開発に集中して活用すべきでないか、という考えに変わったようである。

日発は総裁になった人にとって、何か魅力のある組織らしい。日発五人の総裁のうち池尾芳蔵、小坂順造は野にあって強固な国管反対論者だったにもかかわらず、総裁になるや熱烈な擁護にまわる。

ともかく日発は解体に当たって最良の総裁を迎えたといえる。吉田首相が解体役に送り込んだ人だが、その人物は心の底から熱烈に日発の利害を守ってくれたのである。それは結局のところ再編成にとってもプラスだったろう。なぜなら電産も含めて日発という大組織を解体するのに何のトラブルもなしですむはずがなかった。それがすべて小坂対松永のケンカに収斂され、もろもろのわだかまりが悪役松永への怨念に集中することによって、いつの間にかぼかされてしまった。現在の時点からみれば、小坂と松永は、本人たちの意図とは逆に、再編成劇の順調な進行のため巧みに共演していたといえるかもしれない。

解散前日の四月三十日、小坂総裁は日発講堂に役職員一同を集めて訣別の言葉を述べた。『日発社史』はその時の情景を、やや感傷的に次のように描写している。

「小坂がトツトツとして語ったところは、この数ヵ月戦場をかけめぐって采配を振るった、さっそうたる将軍の戦功談でなく、一老翁が心をこめて後進におくる暖かいハナムケの言葉であった。博弁宏辞でなくとも真実を語れば、聞く者の胸に切々と迫るのか、ほとんど頭をあげる者もない。中には電産できたえた闘士もいる。技術家として科学一途に進んで、感傷などとはおよそ無縁と思われた人もその目に映ずる小坂の映像はボーと霞んでみえた」

小坂は一句一句噛みしめて語った。

「今回の再編成に際し、公益事業委員会が往々にして公正を忘れ、ために意外の混乱を招いたことは私の深く遺憾とするところであった。電力事業は天下のものであり、一部野望家の私するが如きは許されない。私は公益委の反省を求めて微力を尽くして戦った。韓退之の一句を借用すれば『大衆のために弊事を除かんと欲す。敢えて衰朽を将て残年を惜しまんや』が私の心境であった。四万人の従業員諸君がこの心事を諒とせられ、一丸となって私を支持激励してくださったことに対して心から謝意を表する。しかし公益委との最後の話し合いの結果、わが社の要求もほぼ保証せられるに至ったので新電力会社の発足に協力することになった」

「日発はここに解散するのである。私は新会社首脳部の諸君と会談し『日発の社員は一家離散するのであるから、その気持ちは淋しいのである。この気持ちを察して同情をもってやってもらいたい』と申し入れたのである。新会社の諸君もこれを十二分に了承してくれた」

「思うに日発は不仕合わせな会社であった。困難な発足を終え、ようやく大いに事業をなさんとする際、戦時となり、事業の発展をはばまれた。戦後となるや集中排除法の指定を受け、今日の運命に至った。近来電力増強の緊要が叫ばれ、従業員諸君がその本来の手腕を発揮せんとする時、解散の日に際会することは、まことに運命の皮肉であり、諸君の心事は察するに余りがある」

「日本発送電は明日をもってその姿を失うのである。けれども電気事業の将来は、いよいよ多事多難、国家が諸君に期待するところはきわめて大きい。諸君今後の御精励と御多幸を心から祈り、私が年頭に述べた『日発の形は失われても、電気事業は永遠に失われない』という言葉をふたたびここに繰り返して、お別れの言葉としたい」

新井章治の死

二十六年五月一日、九電力が発足した。創立総会では小坂、松永対立のとばっちりで、当然東京電力取締役に入るべくして入れなかった木川田一隆、近藤良貞も、五月二十六日の臨時株主総会で仲よく取締役に選任された。しかし日発の怨念は近藤の胸の中で消えてはいなかった。

彼は日発が切り札を握っていることを発見する。日発が九電力会社に出資した六千万株の株式は、一括して日発代表清算人小坂順造の名義になっている。配電会社の場合は、新会社の株式をそのまま一対一で引き替えればよいが、日発の場合は九社に分かれ、株主によっては地元の電力会社の株式を希望するなど、その配分が面倒である。端株整理も繁雑をきわめる。だから、ことさら事務のサボタージュをはからずとも、とうてい来年五月まで新株式の交付はできない。

ということは、その間、新電力会社の筆頭株主は旧日発であり、東京電力に例をとれば資本金十四億六千万円のうち、小坂は六億六千万円分を代表できる。この株主権を行使すれば、全役員が改選される来年五月の定時株主総会で、小坂が果たしえなかった宿願の人事を実現できるのである。近藤はこの秘策を小坂に具申する。小坂は「それは妙案」とひざをたたいたが、「しかし近藤君、果たしてやれるか」と聞く。「自信があります」との返答に、小坂は「一切は君にまかせる。やってくれ」といった――新会社発足直後の五月二十九日のことである。

小坂―近藤の目標は新井を東京電力に押し込むことである。不安なことは新井が二十六年秋から食欲が減退し、二十七年四月二十五日、東京築地のガン研究所で胃潰瘍の手術を受けたことである。本人および小坂は知らなかったが、事実はガンであった。

折りから東電会長新木栄吉は駐米大使に起用され、二十七年五月八日に辞任した。この日銀総裁を務めた会長は、小坂派からも松永派からもその非力に愛想をつかされ、当人は大使の話に渡りに舟の思いで、あっさりやめていった。

ここに空席ができた。小坂のつけ入るスキができた。小坂は五月二十九日の東電第二回株主総会で累積投票権を使って新井章治、青木一男、後藤隆之助を取締役に送り込むことを図る。しかし総会は会社側の巧妙な戦術で流会となった。事態を心配して三菱の長老加藤武男が仲裁に乗り出し、その裁定で新井一人を取締役に加えることにし、七月四日の臨時株主総会で決めたうえ、同日の取締役会で新井を会長に選んだ。小坂―近藤の悲願はついにかなえられたかにみえた。

木川田は新井受け入れはやむなしとみて、青木、後藤を排除することで社内をまとめ、そうするよう松永を説得する。だが新井は会長就任に備えて東電の粛清人事を練っており、その際、再編成積極推進派の高井、木川田が粛清の対象となることは明らかだった。木川田は、どうせ入ってくるなら、気心の知れない他人より新井を、というつもりだったのだろう。

だがこうとも考えられる。木川田は新井がガンだということを知ったのではないか。木川田に説得され新井会長を承認した松永は、さっそく熱海の別荘に病いを養う新井を見舞う。そのあと、たまたま訪れた佐々木良作に、新井は立ち上がって、「オイ、松永が見舞いと称して今朝やってきたぞ。おれの病状を偵察にきたぞ」という。この元電産書記長はその時「経営者同士の敵、味方のすさまじい闘いをかいまみて、本当にリツ然とした」と述懐している。

小坂の勝利は空しかった。新井はみずからを会長に選任した取締役会にすら出席できず、九月一日に死去するまで、会長としてついに一回も出社できなかった。新井が亡くなる前々日の八月三十日、熱海を訪れた近藤は、新井が熱海にいて東電を遠隔操縦するつもりでおり、東電経営陣のだらしなさを激しく非難し、かたわらの杖でピシリ叩いて怒りの気持ちを現わすのをみた。この怒りは何だったのか。

近藤によれば、新井は高井―木川田の労働組合に対する〝懐柔〟的態度に憤懣の情を持っていたという。関東配電の高井社長、木川田労務部長の下、同社従業員が陸続と電産を脱退し、二十四年十二月、電力業界最初の企業別組合「関東配電労働組合」が結成される。一方で新井は電産の厚い支援下にあった。むしろ世間一般では新井の電産に対する弱腰がいわれた。だが、新井自身はそうとは思っていなかった。新井は労使それぞれの立場を認め、経営者は経営者らしく堂々と組合と交渉しようという考え方であり、高井―木川田の行き方は労使融和というより、労使ベッタリとの悪印象を持っていたようである。

したがって、もし新井がガンでなく、会長として社内改革を断行していたら、電産の意気はあがり、新電力会社の電産解体作戦は一頓座していたであろう。この一事をとらえても、新井の生死は電力再編成の帰趨に大きな影響を与えた。

松永はまたしても、負けて勝ったのである。

参考文献
▽『再編成史』▽『日発史』▽『日発業務史』▽三宅晴暉『日本の電気事業』▽宇佐美省吾『電力の鬼』▽近藤良貞『日記』▽松永安左ェ門『電力再編成の憶い出』▽木川田一隆「私の履歴書」（日本経済新聞、昭和四十五年一月連載）▽大堀弘「公益事業委員会の思い出」（『証言』）▽小島慶三「公益委員の横顔」（『証言』）▽『日本財閥とその解体』▽『小坂順造』▽森寿五郎「思い出すことども」（『証言』）▽佐々木良作「電産書記長のころ」（『証言』）▽『新井章治』

第Ⅳ部

九電力体制の確立

第1章　追撃

三%と八%

かくて九電力会社は昭和二十六年五月一日発足した。しかし各社の前途は暗然としていた。日発が発足早々渇水による電力不足に見舞われたと同様、九電力会社も八月以降に大渇水に直面した。しかも朝鮮戦争による景気の上昇は、一方で電力需要をふやし、一方で電力用石炭の入手難を招いた。このため、とりわけ中部以西は無通告停電が相次いだが、各社ともお互いに融通し合って他社を助けるだけのゆとりがなかった。

電力会社は毎日空を仰いで雨の降るのを祈った。中部電力社長井上五郎は、夜の宴会は努めて欠席する方針をとった。宴会の最中停電するのは避けられず、電力会社社長として肩身が狭く、酒がまずくなるからである。どうしても断り切れぬある宴会に、ローソクを手土産に持っていったら拍手かっさいだったが、当人はあまり面白くなかったろう。

何はともあれ電源開発を進めねばならない。しかし莫大な、しかも長期にわたって寝る資金を調達するのに、個々の新会社はあまりに無力にみえた。たとえば日発がやりかけ、関西電力が引き継いだ木曽川丸山発電所の建設費は百十億円、関電の資本金十六億九千万円の実に六・五倍を投入しなければならないのである。

各社の経営者は当面の停電対策と電産対策をさばくだけで手一杯だった。しかし、このまま手を束ねて電源開発を怠っていたら、ただでさえ評判の悪かった電力再編成への批判にはね返り、もとの国営体制へ逆戻りすることになってしまう。公益事業委員会と松永委員長代理はひるみがちの経営者を叱咤激励し、彼らに奮起をうながした。

公益事業委員会も独自に電源開発計画を立てねばならなかった。しかし松永は九電力会社の置かれた現状にひきずられて、事態を悲観的にみることなく、きわめて強気の見通しを立て、それを強気に実行するつもりだった。もちろんこれは九社だけではやれない。財政資金を仰がざるをえず、政府ならびに米国に協力を求めねばならない。

折りから経済安定本部（安本）は日本の独立に備えた「自立経済計画案」を発表した。安本はもともと日本の経済復興のエネルギーを石炭に置いていた。石炭と鉄鋼の増産をねらいとする、いわゆる「傾斜生産」方式は、吉田内閣の下、マルクス経済学者有沢広巳と、企画院の革新官僚で「企画院事件」の被告だった稲葉秀三らによって強力に推進され、稲葉の同志、片山内閣の和田博雄安本長官も、これを踏襲した。片山内閣はまた石炭産業を、電力とは反対に国家管理に移すことにし「臨時石炭鉱業管理法」を成立させた。

レーニンとは逆に、戦後日本の革新派が電力より石炭に大きい関心を寄せたのは興味深い。いずれにせよ安本官僚がつくった自立経済計画によると、二十六〜二十八年度で二千五百二十一億円の資金を投じて、九十六万八千キロワットの電源開発を行なうことになっていた。現在だと大型火力一基にも足りぬ計画を三年越しでやるというのである。これは電力需要の増加を年率三％とみるものだった。

日本経済の前途を暗く見がちだったマルクス学者や安本に集まった旧企画院官僚がリードした計画に、もちろん松永は賛成しなかった。公益事業委員会は電力需要の伸びを年率八％とし、これにもとづいて二十六年度から始まる「電源開発五ヵ年計画」を作成した。それによると五年間で七千八百四十八億円の資金を投じ、七百二十二万キロワットを着工しなければならなかった（現実は公益委の見通しすら控え目であった。実際は二十六〜三十六年の需要増加は年率一一・五％であった。安本の計画はいかにも非現実的であった）。

公益委は、何とかこの三％と八％の食い違いを解消しようとする。その際も松永は説得すべき相手を見誤らなかった。一万田法王こと日銀総裁一万田尚登（いちまだひさと）である。指導的財界人、官僚が追放されたあと、ＧＨＱが頼りとする経済専門家は、政府部内で中立性を維持しているとみた日銀とその総裁であった。しかも財閥と銀行が資金力を失った当時にあって、日銀の力は絶大だった。こうして一万田は実に七つの内閣、九人の大蔵大臣が変わった八年半にわたって総裁のイスを守った。経済界実力ナンバー・ワンの一万田の了解こそ、まず取りつける必要があった。

公益委が発足して一ヵ月足らずの二十六年一月十一日、松本委員長を同伴して松永が赤坂の日銀公舎に一万田を訪れ、昼食しながら二時間語り合う。一万田は講和成立後の日米経済関係について米国の政府および財界、金融界と話し合いに行く直前のことであった。

松永は、三％と八％の食い違いを説明し、「もし政府案の三％という低率では日本経済の復興は期しがたい。米国で電源開発資金について話し合う折りは八％を主張してほしい」と頼んだ。一万田は「御老体にかかわらず、松永翁の説明は詳細をきわめ、幾多のデータを示しつつ自信に満ちたものであった。私としても、何も進んで初めから消極的な案でのぞむ必要はないし、その成否はともかく、将来の有利な布石になると思ったので、翁の八％案で交渉に当たることを約した」と語っている。

一万田は、おそらく吉田首相の同意のもと、講和後、米国の直接援助がとりはらわれた後の資金不足をコマーシャル・ベースの外資借款でまかなう決意を固め、その受け入れ部門として電力産業が最適と考えたのであろう。

二十六年九月八日のサンフランシスコ講和条約に調印した日本全権の一人、一万田はその時、安本が作成した「B資料」を携帯していた。日本経済についての資料であり、そこには生産の隘路はエネルギー、とくに電力であり、それを確保するため多額の外資導入が必要と触れてあった。また二十七年一月の「日米経済協力に関する安本試案」でも、新電源開発百万キロワットのための資金一千億円の外資調達の必要が強調されていた。

一万田は二十七年二月の安本顧問会議の席上、「政府は手持ちの見返り資金の全額を電源開発に投入すべきだ。その方が総花的な産業政策より効果があがる。また、これは日米経済協力好転の原因となるだろう」――つまりは電力への傾斜生産を主張してくれた。

ひたすら石炭を好み、しかも日本経済のバラ色の将来を信じられなかった安本も、何よりも現実の電力需要のめざましい伸びと、米国からの外資導入の必要性から、否応なしに石炭から電力への転換に頭を切りかえざるをえなかった。

安本は松永によってメンツをつぶされるだけですんだ。しかし、松永によって強気の電源開発の実行を迫られた電力会社の経営者は、途方にくれる思いであった。公益委と九電力社長との打ち合わせで、社長側は「八％という高率の開発を行なう資金はとうてい調達できぬ。いまは前金を払わねば、土木業者も重電機メーカーも仕事にかからぬ時代ですよ」と口々に苦衷を訴えた。松永は、「それなら、昔の五大電力時代に十分金があったとでもいうのかね。昔も何とか工面して開発をやったのだ。金があって開発するのなら、どこに経営の苦心があるのか」と叱ってみせた。

しかし松永とても、かかる精神論だけでは何ともならないことを知っていた。胃腸に吸収力のない病人にいくら栄養を与えても何もならぬ。個々の電力会社に体力をつけ、外資でも何でも借金できるだけの体質にしてやらねばならぬ。そのためには少なくとも収支相償うだけの電力料金に引き上げねばならぬ。松永はまたまた政府、国会、消費者、産業界と闘わねばならぬと覚悟した。しかし、戦後の民主主義は「世論」という一つの社会勢力を育てつつあった。松永はこの新手の強敵と取り組まねばならなかった。

世論に抗す

新電力会社発足の当日、松永公益委員長代理は、各社首脳に「適正原価にもとづく採算可能な電気料金」の算出を厳命し、その際、減価償却を定額法でなく定率法で実施するようにいい渡した。こうして新会社ができて十六日目（五月十六日）に各社が公益委に提出した値上げ申請率は平均七六％だった。

人びとは啞然とした。しかも、松永委員長代理の記者会見での発言はまったく電力会社寄りであった（本当は松永が電力会社をけしかけたのである）。世間は騒然となった。

松永はいう。「電気事業の経理を健全化することが何よりの急務で、それによって公共の福祉を期待できる。現在のような経理状態では電源開発資金も得られず、電気事業をジリ貧状態に追い込んでしまう。この意味で資産再評価を限度いっぱいに行ない、定率法で減価償却することは絶対必要である。電力値上げ反対の署名運動が行なわれても、そのような俗論にまどわされない。七割値上げ案がよいか悪いかはまだいえないが、値上げの目標は経理の健全化にある」

事実、〝俗論〟の先頭を切って主婦連合会が街頭で値上げ反対署名運動を行なった。身内の電産もこれに加わった。大衆二千人は東京の築地本願寺広場に集まり、料金値上げ絶対反対の大会決議を行ない、「松永公益委員長代理の辞任勧告」の緊急動議を満場一致で承認し、「電力の鬼松永を退治せよ」とのプラカードを立てて、同じく築地にあった公益委事務局になだれ込んだ。

正義の味方ジャーナリズムも、俗論といわれて黙ってはいなかった。毎日新聞は阿部真之助が「公益委の怪」という署名記事をのせた。痛烈だった。

「たいへんズボラのたちで、公益事業委員会の権限はどんなものか、よく知らないが、ことの起りは、たしか独占的の電気事業者に勝手な振る舞いをさせないよう監視し、手綱を引きしめるためにできたもののように記憶する」

「電気料金値上げが、チラホラ世間の口に上るようになった時も、私はあわてることはないと思った。公益委があるからには、ヘンな化けものが現われようとしても、たちまち首根っ子を押さえつけてくれると、安心しきっていたものである。だがこれは、公益委の名称にだまされた私の心の迷いだった」

「公益委が発足以来、とかく不明朗な物議をかもしているのは、松永安左ェ門のような業界の大ボスにして、公益より私益のかたまりみたいな男が支配的な勢力を握っているからのようだ。政府は松永の首を切るべきであった。それを怠ったばかりに、またしても問題を起こすようになったのだ」

「僧衣を着た狼を童話の絵本でみたことがある。公聴会で公平ヅラをして世論を聞いている松永の姿がそれだった。実にこっけいである。しかし笑ってのみはいられない。絵の狼と違い、生きた狼は私たちに害を与えるからである」

朝日新聞の『天声人語』で、荒垣秀雄もまたやんわり松永をたしなめた。

「松永翁は電球のシンに竹を使ったころから今日の電力時代を育て上げた〝電力の神様〟で、外資をも導入して次代への大電力時代を築こうとする熱意はよくわかる。しかし孫には目がないおじいさんのように、電気可愛いやの一念でハタの迷惑を思わな過ぎるきらいはないか」

「松永氏は財界を引退することすでに十年、茶室に身をひそめて表向きは電力界の現役ではない。が、電力再編を通じてスイッチの元締めが翁の手に握られていることは天下周知である。その因縁利害の深い人が、電気、ガスの公益を守る委員会の委員長代理を務めること自体がおかしい」

「これは吉田首相の人事の失敗らしい。が、今さら致し方のないこと。『論語』の、六十にして耳順う、から耳庵と号する松永翁が民意に耳したがう真意を解するや否や」

世は民主主義である。各地の公聴会ではいろいろの意見が出た。曰く「電灯は民生安定の基本だから、思い切って安くせよ」。曰く「農村はタダにすべきだ」。曰く「うちの県はコストの安い水力発電所が多いから、よその県より安くせよ」。「うちの産業は日本復興の基になるのだから割り引いてくれ」。いちいち聞き入れていたら値上げどころでない。だから、いう方は「これでは聴聞会ではなくて、きくもんかいだ」と毒づいた。

電力再編成に反対した人びとは「やっぱりね」とうなずき合った。左翼反対派は電産も含めて「電力独占資本再建のために、早くも民衆の搾取が始まった。松永と米国独占の謀略だ」とののしった。

日本製鉄の三鬼隆は自分の息のかかった日本産業協議会を動かし、「電力料金の改訂は、単に電力会社の経理改善という観点にのみ偏することなく、一般物価体系との関連において、全産業の復興という公益的見地から検討してもらいたい」という意見書を発表した。とりわけ資産再評価や定率法による減価償却の尻を消費者に負担させるのは不当という見解であった。

電力再編成で一敗地にまみれた小坂順造は、値上げ案をみて怒った。二十六年七月、近藤良貞を自宅に呼んで、「松永公益委員の退任を求む」という公開状の案文を見せ、吉田首相にはかった上、世間に発表するつもりだといった。

「私は松永君とは三十年来の友人である。公益委員に私が敢て同君を推薦した理由は、同君の持っている電気事業に対する知識と熱意とが、今日の如き大改革を要する場合には役立つと思ったからであった。

然るにその後の経過をみると、同君の知識と熱意とは、私的方面にのみ用いられ、いわゆる松永綱をもって日本の電力界を壟断せんとする野望が露骨になってきた。これは松永君が一事業家としてのことならば、まことに面白いが、いやしくも公益委員として強力なる官権を私し、同君の個人的な恣意を強引に遂行せんとするに至っては、断じて黙視することができない。

ことに昨今の内情を聞くと、松永君がまるで日本電力の社長で、九電力会社の首脳部はことごとく各地区の支店長扱いとなり、いちいち呼びつけられ、発電計画も値上げ問題も一切はその専断なる指揮下にあるという話である。こうなっては同君の在職は国家社会のため有害であるのみならず、実に日本の民主主義がこの一角から崩れかかっているように思われる。推薦者の私は率先して同君に対し、速やかに公益委員の地位からの退任を求むる所以である」

この時期に、この人の、この文章である。発表されていたら松永はさらに苦境に追い込まれたろう。政治問題となって吉田内閣にもはね返りがきただろう。さすがに吉田首相も賛成しかねて、「この件は自分の手で何とか片をつけるから、公開状は思い止まってくれ」と小坂をなだめた。

こうしたことも知らぬ気に松永は政府側の責任者、安本長官兼物価庁長官の周東英雄を攻めていた。「しからば電気事業の自立をできなくして、今後の急激な電力需要にどうして応ずるのだ。それでは日本の復興はどうなる。反対なら反対で代案を持ってきたまえ」といわれて、周東は「ともかく急激な値上げは困る。電力料金は政治問題であり、政治は政府の責任だ」と繰り返すばかりであった。電力料金を決めるのは政府か公益委かの対立となったのである。

もちろん、国会も松永を呼び出した。参院商工委員会で主婦連の奥むめおの詰問に答え、「電力再編成で九匹の乳牛が生まれた。適正な料金を払うというのは餌を与えることだ。飼料を十分に与えず、三度のものを二度にするというのでは、国民を養ってくれるお乳が出ない。子供がかわいいのであれば、飼料代をけちるのは間違いである」とも弁じてみた。

公益委にも松永にも反対の投書が殺到した。「殺してやる」という脅迫状もきた。さすがの松永も世論との闘いにはひるむところがあったようである。彼は山積する投書の山を眺めながら、ある夜訪れた井上中部電力社長に、「僕はこの頃、時々鏡で自分の顔をみることがあるよ。この老人が何をすき好んで、これほどまでに人にきらわれる仕事に精魂を傾けねばならないのかとね」と嘆いた。

この国民あげての反対はGHQを動揺させた。そもそもGHQが日本政府に示した電力再編成の非公式覚え書の最後に「各社が自立できることを目途として必要な電力料金の改正をしなければならぬ」とある。松永はそれに忠実に従っただけである。しかし、一方で米国は日本に民主主義を教えた。民主主義とは世論に聞くことである。その世論は値上げに総反対している。そこでＧＨＱは松永をなだめることになった。

電気料金は公益委が恣意的に決めるものではなく、ちゃんと「電気料金算定基準」が定められてある。したがって値上げ申請を値切るには何らかの理由づけがいる。そこでＧＨＱ、日本政府と公益委の対立の焦点は減価償却を定率でするか定額にするかにかかってきた。九社全体で定額にすると百億円、定率にすると二百億円。ＧＨＱは定額を主張し、それによって値上げ幅を切りつめるよう主張して松永を押し切った。結局、八月十三日実施、平均三〇％の値上げが認可となった。

翌二十七年三月に九社が平均三二・八％の値上げを申請、公益委は二八・八％に査定、五月十一日から実施した。この時も前回を上回るごうごうたる非難を浴びた。だが公益委は電力料金認可の権限を持っている。ＧＨＱならチェックできたであろうが、日本の独立とともに解消していた。吉田首相は「公益委でなく私益委だ」とののしったが、どうにもならなかった。

松永はなお、償却方法が定率でなく定額が原則となったことを残念がった。しかし二回の値上げを通じて六七％と、ほぼ当初目標を達成したのは、電力料金の政治性からみて奇跡のように思われる。たしかに値上げ幅は世論をサカなでした。しかし日本の産業も消費者も結局はこれを消化することができた。そして、経理が好転した電力会社は、高度経済成長による電力需要の激増に応じるとともに、二十九年十月の一斉値上げ以後はオイル・ショックまで各社ほぼ一回の値上げで乗り切ることができた。二十六、七年の二回の値上げは、まことに九電力体制を支える原動力となったのである。

しかし公益事業委員会は政府、国会のにくしみを買い、二回目の値上げ直後の二十七年八月廃止される。公益委は値上げと刺し違えたのである。松永の悪名は一段と高まり、「電力の鬼」なるアダ名が定着する。のち劇団民芸が公演した久板栄二郎の創作戯曲「巌頭の女」に、松永がモデルとおぼしき財界の黒幕が現われ、これに扮した滝沢修がさもにくにくしげに演じてみせ、観衆のかっさいを博した。

この大幅値上げ事件は、経済合理主義対大衆政治の対立ととらえることができるし、目先のみにとらわれる政治家と将来を見据える経世家の対立とも考えられる。また、およそ「豊富低廉」はありえない。適正な価格の下において初めて豊富がもたらされるという教訓ともとれる。

電産の崩壊

電力料金値上げで電力会社の経理を健全にし、内外から資金を導入して電源開発を進めるという仕組みができあがっても、電力会社の労使関係が安定しなければ、この仕組みはうまく動かぬ。しかも相手は、当時日本最強をうたわれた電産である。全国単一を組織原理とする電産は、地域別独立採算を旨とする新電力会社とまったく理念を異にする。新会社が欲するのは企業意識にめざめた地域別企業内組合である。かくて労使の組織をかけた対立は必至となった。

〝関ヶ原〟は二十七年秋季闘争であった。日本独立後最初の大がかりな労使の対立であり、電力労使にとって再編成後、初の本格的対決であった。

当時の労使の条件はどうだったか。外目には、電産の方が威勢がいいようにみえた。東京電力が東京電力労組と電産関東地方本部に分裂していたとはいえ、電産はなお全国十一万人の電力労働者を擁し、その武器の電源ストは、日本の産業と生活に致命的であった。電産委員長藤田進は総評議長を兼ね、日本の全労働運動の指導者であった。かくて総評は二十七年秋季闘争の火ぶたを切った。「あらゆる闘いを再軍備反対と軍事予算粉砕に集約し、電産と炭労の二大ストを中心に大小幾多のストを打ちまくり、総資本と対決して打倒する」という勇ましい宣言のもと、電産は輝ける英雄に仕立てられた。

しかし、電産の相手となる電力経営者は、再編成によって性格が一変していた。電産対電気事業経営者会議の団交にゆだねられ、しかも賃金の原資が日発と配電各社の共同プール計算からあみ出される旧体制と異なり、新会社の経営者は労働条件決定に自主権を持ち、しかも賃上げの原資は自分でかせぎ出さなくてはならなかった。それは、かならずしも賃金が安ければ安いほどよいということを意味しない。逆に他社よりいくらか高目にすることによって従業員の労働意欲を高めるという手もとれる。自社の従業員をいかにうまく掌握しているか、九社の経営者はその優劣を問われる。つまりは経営者同士も自由競争にさらされることになった。

当事者能力を得た経営者がまず決意したのは、強力な電産が実力で勝ち取った労働条件のうち、他産業をあまりにも上回る分を切り下げることであった。電産の影響力をにくんでいた日本経営者団体連盟は電力経営者の経営者としての自覚を喜び、応援してくれることになった。かくて電産ストは日経連対総評、総資本対総労働の対決の天王山となった。

電産はかならずしも一枚岩ではなかった。まず共産派対民同派の対立である。「共産党フラク活動のベルトにかけられた左翼主義からの脱却」をうたう民同派は次第に勢力を伸ばし、ついに電産中央本部を握った。同本部は二十五年七月十二日に特別指令を発し、共産系分子の排除を目的とした組合員再登録を実施した。組合自身によるレッドパージである。そして八月二十六日、日発および配電会社は二千百三十七名の解雇を通告した。本物のレッドパージである。

民間産業のレッドパージ一万九百七十二名のうち、電力は二割を占めて絶対数で第一位であり、従業員総数に占めるパージ者の比率は一・五％で、新聞放送の二・一％に次ぐ高率であった。パージの影の演出者ＧＨＱはとりわけマスコミと電力産業から共産党を一掃したかったわけで、電産民同派は事実上、これを黙認した。

だが、共産系の産別に叛旗をひるがえした民同派の結集体「総評」が急激に左旋回した如く、民同派電産も二十七年秋闘は派手で強硬な戦術をとった。九月十六日の事務ストを皮切りに、九月二十四日の六時間電源ストを第一波として、十二月十八日まで、実に九十四日間のストを強行した。

中央労働委員会は九月六日に賃上げ一九％の調停案を出した。労使とも拒否した。電産は甘かった。これまでのパターン、調停案提示―調停案拒否―あっせん―調停案プラス・アルファで妥結という方式が繰り返されるものと思っていたのだ。しかし経営者は占領下のパターンを断固変えるつもりで、ストにも屈しない覚悟だった。経営者と日経連は、占領下の中労委は組合寄りだったと批判的で、中労委にも厳しい態度を示した。

中労委会長中山伊知郎が十一月二十六日に示したあっせん案は、賃上げ幅こそ調停案と同じ一九％だったが、北海道、北陸、中国、九州、四国については他社との差を認めた。また週労働時間を三十八・五時間から四十二時間に延長する件も加えられた。経営者の主張する企業別賃金と、労働条件の社会水準への切下げが認められたわけで、組合にとって先の調停案より明らかに後退したものであった。

経営者側はあっせん案をのんだが、労働時間延長という屈辱的条件をつけられた電産はとてものめなかった。十二月二日から四十時間の電源スト、十二月二、三日の大口工場への停電ストを指令したが、もはや大衆はがまんできなくなり、電産を怨む声が巷にあふれた。組合員も動揺した。電産中部地本で名港、静岡、清水の分会は電産脱退を決議し、それが本店、一宮、豊橋、松本、岐阜をも巻き込み、中部電力労組結成へと進んだ。反電産の東京電力労組は十二月八日、会社と仮妥結し、一切のストを中止した。九州、北陸にも動揺が広がった。

電産は電力再編成によって、みずからも会社毎の地方本部に再編成された。最大の人数を擁した日発が解体したことによって、電産のヘゲモニーは次第に旧日発系から旧配電系に移っていった。日発出身で、電産をバックに参議院議員となった佐々木良作は電産からうとんじられ、二度目は参院選に出してもらえなかった。

関西電力の太田垣社長は事態打開のため、電産関西地本委員長西川繁一とハラを割った話し合いをすることにし、そのあっせんを密かに佐々木に頼む。西川は佐々木と同じ日発出身だった。ぼたん雪の降る寒い夜、大阪を避けて京都の旅館で太田垣が佐々木にともなわれた西川と会う。太田垣のみ語り、西川は黙って聞き、佐々木はひとり杯を傾けた。

「西川さん。一生一度の真剣勝負をしようじゃないか」

「電産は七十万キロワットの電気をとめるという。それではわれわれ電力で働くものの使命はどうなるのだ」

「僕は経営者の申し合わせを裏切ってでも、あなたがたと個別に交渉して妥結するつもりだ」

太田垣のねらいは電産中央の統一交渉をやめさせ、関電と電産関西地本の個別自主交渉をやろうと打診したのである。しかし、これを認めたのでは全国一本の電産の自己否定になる。

太田垣の組合員への言い分はこうである。

「君らはどう考えているか知らないが、会社が独立採算になった以上は、君らが一生懸命働いて、いい成績をあげれば、関電がよくなり、それだけ給与をふやせる。そもそも物価の安い北陸などといっしょの給与では不公平ではないか。君らは企業組合に関心を持つべきだ」――つまり全国一律賃金を排し、生産性向上への努力に応じた地域別賃金を約束することにより、電産解体―企業別組合への道を暗示したのである。これは九分割私企業体制下の経営者にしてはじめていいうることであった。

この会談は、太田垣にとって成功だった。電産関西地本は十二月十二日から中央本部の制止をふり切って関電との個別交渉を始め、十五日早朝に妥結、関西地本は単独で一切のストライキを解除した。

電産の秋季闘争は、かくして総崩れとなり、電産中央はついに十八日、事実上の敗北声明を出さねばならなかった。

電源、停電ストを合わせ四百六十二時間三分、電源ストによる無効放流一億一千万キロワット時、停電ストによる抑圧電力量千五百六十五万キロワット時、スト参加人員延べ三十一万六千名、賃金喪失額二億八千八百万円。これだけの犠牲を払って得たのは二千数百円の賃上げのみであり、かえって労働時間の延長、休日の減少、社会保険負担率引上げ、光熱費補助の切りつめを押しつけられた。そして自由党が二十七年秋闘の際の電産と炭労のストに怒った世論を利用して、二十八年八月に「電気事業及び石炭鉱業における争議行為の方法の規制に関する法律」を成立、実施した。電力労働者は発送配電に関する一切のスト権を奪われたのである。

それればかりか、電産自体が急速に崩壊の道をたどった。あの電産関西地本は二十八年三月の執行委員会で三六対一〇、保留三で、電産脱退、関西電力労働組合結成を決めた。各社も企業別組織への移行が続いた。月々、日々電産員が減り、新組合になだれ込んだ。昭和三十一年六月、電産関東地方本部五千五百七十二名が東電労組に吸収され、電産中央もまた地方毎に解散統一することを認めて、戦後十年の歴史を閉じた（ただし中国、九州などに少数の組織が残っている）。

〝輝ける〟電産がなぜかくも無残に崩壊してしまったのか。二十七年秋闘の失敗が直接原因だが、根本は国策会社日発という母体を失ったことである。電産という全国統一組織は、しょせんは日発という全国発送電組織あってのものだった。その果敢なストは、赤字を無視できた国策会社だからこそ可能だったのである。電産が電力再編成に強力に反対したのは、それを予感したのであろう。

企業別組合より産業別単一組合の方がより進歩した形態であると信じる労働法学者は電産の崩壊を残念がった。これはGHQ労働課も同じだった。電産を脱退して関東配電労組が結成された時に、GHQは不満だった。二十五年十月の電産第五回定時大会で、労働課のヴァレリー・ブラッティは、「本大会において、関配労組が所属の電産に復帰するための必要な活動資金と作戦を決定するよう勧告する。電気産業における御用組合化の誘いを除去するまでは電産の平安はない。日本の一般労働者にとって今日は御用組合という安易な道に卑劣な退避をすべき時でない」と激烈な関配組合批判をぶって電産を喜ばせた。

日本人の教師をもって任ずるGHQの米国人にとって、労使協調主義の日本的労働組合の出現は何やらうさん臭くみえたのであろう。だが、二十八年には全日本自動車産業労働組合日産自動車分会が泥沼争議の末、日産自動車労働組合を生み、次いで全自動車という産業別組織が解体する。同じ時期に電産、全自動車という強力な単一組織が消え、かわってきわめて経営に協力的な企業別組織が出現したのは決して偶然ではなかった。電産争議はまさしく日本的労働組合の是非をめぐる歴史的闘争であった。

かくして電力産業の労使関係は安定することになった。

参考文献
▽井上五郎「再編成の前後」（『証言』）▽松永安左ェ門『電力再編成の憶い出』▽有沢広巳監修『昭和経済史』日本経済新聞社、昭和五十一年▽一万田尚登「世界は一つ」（『憶い出』上巻）▽『経済企画庁十年史・現代日本経済の展開』経済企画庁、昭和五十一年▽栗原東洋編『電力』▽宇佐美省吾『電力の鬼』▽小島直記『まかり通る・下』毎日新聞社、昭和四十八年▽『経済団体連合会十年史・上』▽高島節男「電気料金との出合い」（『証言』）▽長瀬誠次「昭和の三国志」（『証言』）▽近藤良貞「再編成日記抄拾遺」（『証言』）▽通産省公益事業局『電気事業再編成20年史』電力新報社、昭和四十六年▽『東電労組史・前史』東京電力労働組合、昭和五十一年▽『東京電力労働組合史年表』東京電力労働組合、昭和四十九年▽『呼ぼうよ雲を・太田垣士郎伝』関西電力、昭和五十一年▽鎌倉太郎『電力三国志・関西電力の巻』政経社、昭和四十四年▽『日産争議白書』日産自動車労働組合、昭和二十九年▽『日本労働運動史』

第2章　後退と前進

公益委廃止

公益事業委員会、または松永の独断専行に対する各勢力の憤懣は爆発せんばかりだった。とりわけ政府、国会、官僚にとって、彼らから半ば独立した公益委の存在は不当なものに思われた。松永をやめさせても、この組織ある限り、第二、第三の松永が出てくる恐れがある。

彼らの不満は、未発に終わった小坂順造の松永弾劾の公開状にうまく要約されている。

「元来、私は公益委の存在に関してすこぶる奇異の感にうたれている。すなわち公益委が国会に責任を取らず、政府に責任を負わず、しかも国民大衆の意向を無視し、勝手次第に振る舞って、その結果が国家と民生に重大な影響を与えることがあっても、どうともすることのできぬのは、いかにも民主主義日本としては、あるべからざる存在である。これはあたかも戦時下日本における軍閥専制を想起せしむ」

そして、かかる反公益委感情は、日本独立にともなう米国からの押しつけ、いわゆる「占領政策の行き過ぎ」の是正ムードとからんでいた。同じく占領軍によって与えられた新憲法については、右派の反対に対して左派、民主主義派の強力な支持があったが、公益委には左右両派とも反対するばかりだった。

吉田首相は早くから公益委を廃止するつもりだったろう。しかし米国から与えられた制度を、GHQが日本に存在する時に廃止するのはいかにも当てつけがましい。昭和二十七年四月二十八日、対日講和条約が発効し、日本政府は独自で判断が下せることになった。そしてそれこそ、どこの反対もなく八月一日、公益委が廃止され、その仕事は新設された通産省公益事業局に移された。

かくて準司法、準行政的機能を持つ機関が消滅し、電力産業は政府の通産行政下に置かれることになった。松永は職を解かれ、その合法的権力を失った。しかし松永はそれを予期していたろう。だからこそ、たてつづけに電力料金値上げを強行したうえ、電気事業会計規則、電気料金算定基準を決め、電力会社の経理の根本原則を確立した。電源開発五ヵ年計画も送配電整備五ヵ年計画も公益委が決めた。それをまかなう資金調達のため、公益委は経験のない九社に増資、社債、財政投融資、外資導入のやり方を教えてやらねばならなかった。この点では河上弘一委員の指導を評価しなければなるまい。日本に貸付信託制度が誕生したのも、この時がきっかけである。

公益委はわずか一年七ヵ月余しか寿命はなかった。しかしこの期間に電力再編成をやりとげた上、九電力体制の基礎工事だけはあらまし、しとげてしまった。公益委は太く短く生きたのである。さればこそ、通産官僚にして公益委出向の経験ある元電発総裁大堀弘は、「いずれにしても、あのように強力な委員会は日本の行政史上空前絶後のことであろう」と述懐している。

最近、公正取引委員会が声価を上げてきたのに応じて、同じ行政委員会の公益委が見直されている。そして公益委をぶざまにつぶしたのは、松永と、そのいいなりになった委員の責任で、官僚を委員にすればよかったと、公益事業学会を指導する学者たちは主張している。

しかし学者のお手本になった米国の行政委員会は、たとえば独占的で横暴な電力産業を公共のため規制するというのが目的で、活動している既存のシステムを監督するRegulatory Commissionである。しかし日本の公益委は違った。持株会社整理委員会の職務を委任されて電力再編成をやりとげねばならなかったし、急に再編成されて途方にくれている電力会社を指導し、安本に代わってエネルギー計画の中の電源開発計画を作成しなければならなかった。実質的に電力産業再建の参謀本部だった。

そんな余計なことをしたから、政治家ににくまれてつぶされたのだと、この学者たちはいう。しかし自立した電力企業がないのに、規制ばかり先行しては、官僚統制に戻ってしまい、何のための再編成だったか、わからなくなる。

公益委がつぶされなかったら、電力産業が安定した暁、おそらく三十年代には米国流の規制委員会になっていたろう。しかしその前に、ばらばらにされたうえ、素人の多い電力会社の経営を、とにもかくにも自立させねばならなかった。公益委がしなければ、別の機関がそれをしなければならなかったのだ。

選挙民と、その鼻息をうかがう政治家から独立し、経理、技術の専門家による純客観的立場を押し通すことができた公益委ほど、それに適当な機関はなかった。松永はこれを徹底的に利用し、かなりの目的を達して、公益委と運命を共にした。公益委員があの時官僚だったら、いまの電力産業はなかったろう。

電源開発会社

電力再編成に対する巻き返しが続いた。まず公納金制度、電気設備復元法の動きである。配電事業を行なっていた地方自治体が、電力国管のため配電会社に出資した見返りとして株式を取得した。しかし、そのほかに公納金の名目で各配電会社が、自治体に何がしか負担金を出していた。これを再編成後も続けてほしいというのである。そうなると二十七年度で九電力会社が合計百二十億円、総括原価の一割を負担しなければならぬ。

電力会社は固定資産税を納めているし、電気・ガス税という地方税もできていた。その上さらに電力料金に上乗せしてまで、地方自治体のため、地方税にまぎらわしいものを負担する必要があるのだろうか。国会で審議されたが、幸い成立しなかった。

復元法は日発に統合された電力設備を旧持ち主、主として地方自治体に返すというものである。そうすると百十四の公共団体に全発電設備の六％に当たる四十六万二千三百キロワットを返還しなければならぬ。九電力体制にひび割れが生ずる。これも流れた。

どちらも地方自治体に後援された自由党員の議員提案であった。なぜか自由党は九電力体制を目の敵にした。そして九電力会社発足後、日を置かずして政府、自由党は大規模水力開発を行なう電源開発公社設立の検討を始めた。ＧＨＱは不愉快だった。講和条約調印後だったが、二十六年十月二十九日に「公社案は民主化に逆行する」という声明を出した。しかし衆議院は「電源開発促進決議」をして、これに対抗する。そして翌二十七年一月、自由党政調会は「電源開発促進法案」を内定した。

三月二十五日に同法案が議員提案の形で国会に提出された。提案者は水田三喜男、神田博、福田一、村上勇――つまり第七国会で電力再編成反対、日発擁護の主役になった大野伴睦一派の面々であった。

四月十五日、福田一が参議院で提案理由を説明した。

「本法案の骨子は三点にあります。第一点は既存電力会社をはじめ、自家発電、公営企業の開発を促進し、資金確保の努力を政府に義務づけることであります。第二点は大規模かつ国土の総合開発、保全を必要とするような特殊地点の電源開発については新たに特殊会社（電源開発会社）を設け、主として政府の直接資金をもって、総合的かつ急速な建設に当たらしめようとするものであります。もとより特殊会社は発電施設を建設完了とともに電力会社に譲渡、または貸付けせんとするものであって、みずから発送電の運営を意図せず、もっぱら電源開発のみを目的とするものであります。第三点は電源開発の円滑な実施を図るため、基本計画の審議または関係行政機関の総合調整を行なう電源開発調整審議会を設け、水利権その他の権利関係の調整を一挙に解決しようとするものであります」

只見を視察する公益事業委員会委員長代理の松永安左ェ門（中央）

第一点は問題ないとして、第二点は私企業の九電力体制では早急な大規模電源開発は無理で、国家資本が政府資金を使ってはじめてやりうるとしたことで、実施されたばかりの電力再編成を手直しせんとするものであった。第三点は公益事業委員会の権限を取り上げるものであり、実は同委廃止に備えたのである。この法案は形は議員提案だが、それというのも政府機関である公益事業委員会の同意が得られず、ＧＨＱへの遠慮もあったからで、実際は政府提案といってもよかったであろう。

公益事業委員会はもちろん反対した。公益委は大規模開発について電力会社による共同会社案を考え、東京・東北電力による只見川開発会社、東京・中部による天竜川開発会社の設立を推進し、後者は五月に東京電力内に設立事務所を設けた。松永はこの共同会社への米国資本の導入をもくろんでいた。米国に顔のきく白洲次郎を東北電力会長にしたのは、只見川開発への外資導入の尽力を内心期待したからであった。

国会と公益委の論戦は、公企業と私企業のどちらが政府資金と外資を入れやすいかにかかった。電発賛成者は多額の政府資金を営利会社に直接投入するのは不可とし、また外資導入には日本政府の権威に裏付けされた特殊会社の方が有利とした。しかし政府は、海運業に対しては私企業であるにもかかわらず膨大な補助金を出していたし、それに外資導入に特殊会社形態はかえって不利という事情が明らかになってきた。

公益事業委員会の松本烝治委員長、電力借款についての日本一の権威は、参議院で皮肉たっぷりに証言した。

「私は外債がこの会社には入らぬと断定する。事実米国はここ数年、融資しているが、世界銀行をはじめとして、引き受けている外債は、一つ一つのプロジェクトに対して貸し出している。いつなくなるかわからぬ会社には貸さないと思う。米国議会の議決を経た米国の政府借款なら話は別だが、こういうえらい会社ができて、政府が総裁、副総裁を任命すると威張ってみても、商業ベースに立つ外資であれば、相手側はそんなことに何ら意義を認めないであろう。法案には外資を受け入れるための条項も見受けられるが、入るはずのない外資を期待している意味で、これはたしかに特殊会社である」

米国の金融資本がもっとも好むのは、しっかりした私企業であるという事実を自由党員や官僚は知らなかったのである。実際は電発にも電力会社にも外資は入ってきた。しかし電発は決して特別扱いされず、むしろ電力会社の方が導入が円滑だった。

だが松本烝治のしんらつな批判は、かえって電発強化の方向に作用した。もっぱら電源開発を進め、つくった設備を電力会社に譲渡する、開発が一段落すればやめる、というのでは、松本の指摘通りの外資の担保がなくなり、長期の借款ができない。そこで設備は自分で保有し、電力会社に卸売りする永続的な組織にすることにした。中途から石炭業界の圧力で石炭を使う火力発電もできるようになった。

こうして電発は自由党大野派を推進力とし、その背後におそらく土木建設業界が、そして日発の残党、公益委から権能を奪還しようとする通産官僚があった。産業界も電力料金を高くし、それで電源開発をまかなう松永方式よりも、タダの政府資金で電源開発してくれる方が有難かった。そして何よりも大衆は日毎の停電に倦んでいた。

公益委の抵抗に限界があった。ＧＨＱはもはや頼りにならず、四月二十八日講和条約発効とともに消滅した。松本および松永の権力を支える公益委の解消も間近だった。さすがの松永にも、ゆるみがあった。

九電力はまだ力弱く、電力不足という歴然たる弱みがあった。松永自身も当初は只見川などについては米国ＴＶＡ方式を頭に描いていたフシがある。こうして電源開発促進法は七月三十一日、国会閉会寸前に可決、成立した。

八月一日、公益委廃止の日、通産省は電発設立委員二十八名を任命、十五日設立事務所を小石川の

高碕達之助

旧日発社屋に設けた。九月十六日創立総会が開かれ、初代総裁に高碕達之助（たかさきたつのすけ）、副総裁に進藤武左衛門を選んだ。電発は建て前としては、九電力体制内のトゲではなくて、あくまでその補完物だった。だから設立時の払い込み資本金五十億円のうち、開銀が四十九億五千万円、あと九電力が五千万円分を受け持った。人事も交流した。

電発はよくやったといってよいだろう。さっそく取り組んだ天竜川・佐久間ダム建設の成否は電発の試金石であった。佐久間地点は多雨期に毎秒数千トンに及ぶ洪水に襲われる。十一月から五月までの安全期間に急いで工事を進めなければならぬ。そのため世界最新の機械化土木工法を採用するしかないという結論に達し、総裁就任早々の十一月に高碕はアメリカに飛ぶ。米国業者と技術提携した建設業者のみに入札を認めることにしたので、米国業者に入札への参加を要請し、同時に業者に支払うドルを調達するためであった。米アトキンス社と組んだ間組、熊谷組グループが落札し、二十八年四月着工、三十一年四月運転を開始する。最大出力三十五万キロワットの大水力発電所は三年で完成した。それは電力業界のみならず、土木建設業界、建設機械業界に多大の刺激を与え、その技術水準向上に役立った。

電発は引続き奥只見（O）、田子倉（たごくら）（T）、御母衣（みぼろ）（M）の同時開発に取り組んだ。電発はOTM並行建設と称し、胸を張った。御母衣の大規模ロックフィルダムの技術も、画期的な工法の革新だった。この奮闘には、旧日発技術陣の意地がこめられていた。

だが電発に危険な要素があった。国策会社は政治家に食いものにされる恐れがある。東洋製罐をおこし、鮎川義介にたのまれて満州重工業の経営に当たった実業家高碕にはそれがわかっていた。吉田首相に電発総裁をたのまれた時、政党と政府は口をはさまないという一札を吉田から取る。しかしそのことで高碕の評判が悪い。高碕は政府と打ち合わせしないで外資導入の話をすすめる。佐久間ダム用のセメントを、吉田の女婿麻生太賀吉からの話をけとばして、磐城セメントと提携して静岡にセメント工場をつくる。そして吉田内閣は高碕の大きな功績にもかかわらず、一年十ヵ月でやめさせ、吉田に近い小坂順造がこれにかわる。同時に副総裁に逓信省の革新官僚で、日発副総裁の時追放された藤井崇治がなる。

しかし小坂は潔癖な老人である。佐久間ダムの追加工事費をめぐって間組と紛争が生じ、御母衣ダムの請負をめぐっても間組と対立する。間組の背後に政治家がおり、藤井副総裁もこれに与している様子なのが小坂老を怒らせた。結局、小坂も二年務めてやめるが、以後政治家は高碕、小坂にこりて、大物の頑固老人を総裁にすることをやめる。

電発はそれからもスキャンダルに事欠かない。只見川開発をめぐる新潟対福島の水争いにからむ灰色事件に、若き田中角栄が登場している。石川達三の小説『金環蝕』のモデル九頭竜川事件は、小坂とけんかした藤井が電発総裁の時のことである。

もちろん電力会社にも汚職がある。電源立地確保のためには買収すれすれのこともやらざるをえない。だから国に監督されている国策会社の方が、利潤追求を目的とする私企業より悪いことをしないと考える人が多いかもしれない。しかし実際は電発の方が乗じられやすいようである。開発銀行から政府資金が流れ、ダム建設の前渡金の形で土建会社に渡り、それがいつの間にか政治資金になる。

こういうケースを期待するからこそ、土建業界は九電力体制に反対して、日発擁護、電発促進に回ったのであろう。

電発は九電力体制にとって何だったのか。九電力体制の最初の危機は、昭和三十二年七月の東北、北陸二社のみの値上げによって露呈化された各社間の企業格差の拡大であった。当時、東京と東北、関西と北陸合併のうわさも出た。この危機は三十三年四月、いわゆる「広域運営」方式で切り抜ける。その際、広域運営の調整役として電発の役割が認められる。しかし九電力体制が軌道に乗り、水力の大規模開発地点が開発しつくされるや、電発の存在理由が薄らぐ。四十五年三月行政監理委員会の安西正夫委員長代理ら六委員が行政改革の意見書を出す。そこには廃止または縮小すべきものとして、農林省食糧事務所、日本鉄道建設公団とともに電源開発会社も入っていた。

しかし石油危機以後、日本の電力産業が置かれたきびしい環境の故に、電発をエネルギー政策の推進役に押し上げようという動きがでて、電発はまた見直される。つまり九電力体制が順調の時、電発の地位が低下し、九電力体制に問題が生じた時、電発が浮上してくる。電発の地位は九電力体制の健全さを占うバロメーターなのである。

東電と関電

いろいろの反発、反撃を受けながら、しかし九社は懸命に努力した。二十五年四月、衆院通産委で、自由企業を信頼しない自由党員福田一は「電源開発コストの高い電力会社は損をしてまで開発しない場合が多いだろう。むしろこぢんまりと経営して利潤を上げる方向へ向かう」といったが、事実は各社競って、みずからの手に余るような開発に勇敢に取り組んだ。各社はそれぞれの地域の独占企業である。しかし各社はそれぞれ同業他社に比較される。料金、サービスの差が取沙汰される。そして経理内容の差が端的に株価の違いとなって現われる。地域内競争はなくなったが、九社の面目をかけた企業間競争はかえって激しくなる。

三十三年、広域運営制度の発足とともに、中央電力協議会事務局長を務め、のち電発副総裁になった山崎久一は、「編成後数年の間は他社の厄介にならぬ代わり、他社の世話をすることもしない、という自主性偏重の風潮が強まり、こういった非協調ムードが広域運営問題をひきおこした」といっている。たしかに九社間で競争するにしても、一社が脱落すれば、九社体制のカナエの軽重が問われる。しょせんは協調的競争なのである。

そしてこの協調的競争のリーダーシップをとるのは、九社間の抜きん出た会社である。それは再編成後十数年は東京電力ではなかった。太田垣士郎に率いられた関西電力であった。何よりも株価が証

菅禮之助

拠だてる。三十年代、東電の株価はつねに関電を下回り、その差が百円以上になったこともあった。

この格差は経営格差ともいうべきであろう。東電は新井章治をめぐるトップ人事のゴタゴタが尾を引いた。二十九年五月、憂慮した小林中、松永が会長に戦後石炭庁長官を務めた同和鉱業会長菅禮之助を引き出す。この人事に高井社長、木川田常務は反対で、反大和田派の元逓信次官、元関東配電社長平沢要を推した。洒脱な老人菅はそれを知っていた。

「あの時は社内重役間で別に迎えたい人もあったらしい。私のくるのをブツブツいったのは木川田君だそうだ。私だって知らぬ人を押しつけられるなら、やっぱりブツブツいうだろう。会ったことはないが感心な男だ、この人は頼みがいがあると思った」。そして早くも九月に木川田を副社長に抜擢する。太田垣に対抗できる人物が、やがて東電社長になるかにみえた。

しかし三十三年秋、東電に汚職事件が発生する。鶴見火力発電所の石炭納入をめぐる贈収賄事件で、石炭のカロリーをごまかして業者の便宜をはかるという、よくあるケースである。しかし逮捕者は発電所石炭分析係から本社石炭課長、近藤良貞常務に及んで、菅会長は自身を含む全取締役の辞表をとりまとめて社外取締役石坂泰三に提出し、その処置を一任した。その結果、菅会長が留任したほかは、高井社長、岡常務を引責辞任させ、木川田副社長を常務に、寺田重三郎常務を平取に降格し、社長に非常勤取締役で元国家公安委員長の青木均一品川白煉瓦社長を選ぶという一大粛清であった（同程度の内容の汚職事件についてみると、革新自治体を含む官庁の上司の責任の取り方が甘いのはどうしてだろうか）。またしても本命木川田の社長就任は三十六年七月まで延ばされる。

東電の最高人事のゴタゴタぶりに比べ関電は堀新（ほりしん）会長―太田垣社長体制で順調に進んだ。太田垣の小林一三ゆずりの徹底した合理的経営は、全社員に経営観念を叩きこんだ。機構改革で七十八の部課を八部三十九課に集約、宙に浮いた部課長三十名を社長直属の目付役として支社、支店を巡回させた。日発、配電時代のルーズな在庫を調べ上げ、不用品処分で実に八十六億円の資金を浮かせた。資材購入にも厳たる態度をとり、石炭業者の接待に応ずることをやめさせ、逆に業者を接待した。そのためか、当時関西電力の九州からの石炭代金は、九州に近い四国電力より安かったと伝えられている。東電に石炭汚職が発生し、関電に発生しなかったのは、トップの目配りの相違でもあった。

木川田一隆

太田垣はしかし、ただ引締め型の経営者だったのではない。大型プロジェクトに果敢に取り組む経営者でもあった。再編成直後、当時としては最大の十二万五千キロワットの丸山水力発電所に取り組み、二十九年には世界銀行からの借款で最大出力十五万キロワットの多奈川火力発電所を着工する。

三十年秋、関西電力は黒部川第四発電所、いわゆるクロヨン建設を決意する。それは文字通り関電の社運をかけたものであり、太田垣の声価を決定する一大事業であった。同時に私企業が取り組める大プロジェクトの限界に挑戦するものであった。

黒部の闘い

日本アルプスの立山連峰か後立山連峰に登った人は、両者にはさまれた黒部の奥深い渓谷をのぞき込み、思わず身をすくませる。しかし黒四発電所とダムの間の「下廊下」といわれる地点はU字型の、時には四百メートルに達する渓谷を形成し、上からのぞけるものではない。冠松次郎といった一流の登山家のみ知る秘境であった。

電源を求める企業家精神はアルピニズムに劣らず勇敢だった。ロープ一本に頼れる登山家と違って、企業家は発電所をつくる資材を運ぶ道路を、切り立った渓谷につくらねばならなかった。タカ・ジアスターゼをつくった高峰譲吉博士がアルミニウム精錬の電源として黒部に目をつけ、それが日本電力に受けつがれて、宇奈月上流の柳河原、黒部第二、第三の発電所が大正十三年から昭和十五年にかけてつくられる。しかしその上流、下廊下はあまりに条件が苛酷だった。戦中、戦後は捨ておかれた。開発への執念を示す平ノ小屋―小黒部間三十五キロメートルの日電歩道は、ごく少数の登山家が利用するだけであった。

再編成で黒部川の水利権は日発から関電に移った。しかし創立早々の関電にとって黒部川第四発電所（クロヨン）の仕事はあまりに手強かった。だが油断はならぬ。二十七年秋、発足したばかりの電発が、黒部川上流薬師沢地点にダムをつくり、そこから有峰貯水池に引水しようという有峰引水計画を提案した。関電がクロヨンをやらぬなら、黒部の水は電発に取られるのである。

しかも電力事業が水主火従から火主水従に移るにつれて、ピーク時の供給に応じうる大貯水池式大出力の水力発電所の必要性が高まった。関電が水利権をにぎっていた庄川水系御母衣、熊野川水系の数地点を電発に奪われた今、大貯水池をつくる地点は黒部川にしか残されていない。

日本の屋根、けわしいばかりでなく、ここには本州を二分する大きな断層が走っている。日本有数の多雨地帯であり、冬には雪となり、なだれとなって、一年の半分は工事不能と思われた。しかし関西電力はその面目にかけて、極悪の条件下にあるクロヨンに取り組まざるをえなかった。

先立つものは資金である。〝優良会社〟関電は三十年度において、内部留保で工事資金の半ば以上をまかなうことができたが、クロヨンの当初見積りは四百億円と大きかった。長期の低利資金がほしかった。世界銀行は三千七百万ドル（当時換算百三十三億二千万円）を日本開発銀行経由の転貸形式で、年利五・六七五％、期間四年五ヵ月、据置き二十四年十一ヵ月間の条件で貸そうといってくれた。

あいにく交渉の始まった三十三年初頭は広域運営をめぐって電力再々編成論議が高まった時期である。不安を感じた世界銀行の内部で、日本政府の電力政策は変わりやすく、再々編成による合併にまで進むおそれがある。また日本の電力料金は国際的に安すぎ、電力会社は内部留保が不足しているという疑問が出され、日本政府は態度表明を迫られた。

これは政府、与党内の再々編成論に釘をさし、電力料金値上げを促進することになる。岸内閣の河野一郎経企庁長官は内政干渉と受け取り、反発した。しかし世銀借款は関電に続いて電発奥只見、田子倉、御母衣発電所九千六百九十三万七千ドル、中部電力畑薙第一、第二発電所二千九百七万七千ドル、北陸電力有峰発電一貫計画二千四百二十六万九千ドルが契約されることになっており、政府は河野の反対にもかかわらず、世銀借款をムゲに断りかねた。

憂慮した太田垣は上京して河野を自邸に訪ね、「世銀借款は日本のためになることではないか。反対する理由などないはずだ」と迫った。河野は「政治とはタイミングが必要なのだ。黙ってみておれ」と激論になった。

結果は、五月二十七日付け通産大臣名で世銀総裁あてに「日本政府は昭和三十四年度中には、現在の制度下で可能な程度以上に、電力会社の収益を増大するための措置をとることを望む」との書簡を送り、同時に閣議了解では、「この書簡は電力会社の経理内容に関する日本政府の意向を示すにとどまり、政府の電気料金政策はこれにより拘束されるものではない」ということにした。外と内への玉虫色の回答であった。ともかく契約は三十三年六月十三日に調印された。従来の輸入機器の購入に限定されたタイドローンと違って、国内での円資金調達ができるインパクトローンであることが、関電にとって有難かった。

昭和38（1963）年に完成した黒四ダム（昭和38年５月30日）

クロヨンは三十一年七月着工、七年後の三十八年六月五日完工式をあげた。発電力二十五万八千キロワット、下流発電所の増加分十七万キロワット、アーチ式ダムの高さ百八十六メートル、総工費五百十三億円、労力投入延べ一千万人。

クロヨン建設は、感動的な現代の叙事詩である。ここではただ資材基地大町とダム建設地点をつなぐ大町ルートのトンネル工事が、三十二年五月一日、軟弱地盤の大破砕帯にぶつかり、七ヵ月間工事の進行がまったくとまってしまった事件のみにふれたい。

このトンネルが開通しなければ大量のセメントも大型機械も運べない。あらゆる工法を使ってみても効果はなく、絶望かと思われた。別のルートをつくるには費用と時間がかかりすぎ、また破砕帯にぶつからぬという保証もなかった。まさしくクロヨンの危機であった。

建設を担当した熊谷組は、請負額を超すような施工には、一切その費用の責任は負えないと関電に申し入れた。無理もない。「熊谷組は大町トンネルの底なしの穴に金をそそいでいる」というウワサが銀行筋に流れていたのである。それは「関電、経営危機に直面か」の話に増幅した。

八月十五日、心痛の松永老人はヘリコプターに乗って現地を訪れた。いつもは多弁の松永は、この時、何も語らず引きあげていったと伝えられている。トンネルが貫通せず、クロヨン工事が失敗することは、大型電源開発はしょせん私企業では成功せぬということを天下に表明することである。それはふたたび九電力体制への批判を招くだろう。松永はじっとしておれなかったのである

だが十月になって地下水の流出はにわかに減り始めた。掘進は可能になった。十二月二日、八十

メートルの破砕帯を抜け、ふたたび固い岩盤にぶつかった。翌三十三年二月二十五日、トンネルは貫通した。資材はこのトンネルをくぐり抜けて黒部渓谷になだれ込むように運ばれた。

クロヨン建設工事は百七十一名の人命を奪った。総指揮官太田垣も完工式の十ヵ月後の三十九年三月十六日、七十一歳で世を去った。クロヨンは太田垣の精力をかなりすり減らしたことであろう。ただ、すでに社長のイスは芦原義重に譲っていた。

クロヨンの意義は巨大な工事が完成したことのみにあるのではない。一私企業が自力でやりとげたことに深い意味がある。しかし自由企業体制を礼賛する保守政治家も財界人も、かならずしもクロヨンの意義に気づいていなかった。評論家三鬼陽之助はクロヨンの完工式に招かれたものの、政財界人、とくに東京財界の出席者が少なく、経団連の石坂泰三会長、植村甲午郎(うえむらこうごろう)副会長はもとより、同業東京電力の青木会長、木川田社長も欠席したことを難じている。

しかし松永はクロヨンの意味をだれよりもよく知っていた。太田垣の死を痛惜して

のちの世に語りつたえむ言の葉の足りなく思はゆ君がいさほし

と詠んだ。

松永が民営論を主張した一つの理由は、事業は民営の下でこそ人物を生むという信念からであった。晩年、松永はつねに自慢そうにいったものである。

「現に太田垣というのが育ったわけです。黒部第四発電所のごときものを民間の仕事としてやりとげたことは、世界のどこの経営者も技術者も非常に感心しています。それから木川田君は経営に公

益性を多く盛り込むのに成果をあげています。木川田君はまた梓川の開発に当たり、最大九十万キロワットの電力をつくりつつあります。クロヨンの三倍以上のものを自力でやるということは、欧米の電気事業者といえどもできないことです」

松永は昭和四十六年六月十六日未明、九十七歳で死んだ。

参考文献

▽近藤良貞「再編成日記抄拾遺」、大堀弘「公益事業委員会の思い出」、長瀬誠次「昭和の三国志」（いずれも『証言』）▽小島慶三「不言不語の感化」（『憶い出』上巻）▽竹中龍雄、細野日出男、遠藤力、北久一「明日の公益事業を語る」（『現代公益事業講座7・公益事業政策論』電力新報社、昭和五十一年）▽松永安左ェ門『電力再編成の憶い出』▽『法制史』▽『十年史』電源開発株式会社、昭和三十七年▽栗原東洋編『電力』▽電源開発株式会社『現況と展望・五一年版』▽『小坂順造』▽三宅晴暉「高碕達之助論」（『三宅晴暉の足跡』昭和四十三年）▽蜷川真夫『田中角栄は死なず』山手書房、昭和五十一年▽石川達三『金環蝕』新潮小説文庫、昭和四十三年▽緒方克行『権力の陰謀』現代史出版会、昭和五十一年▽『回想録』上巻、菅禮之助の項▽木川田一隆「私の履歴書」（日本経済新聞、昭和四十五年一月連載）▽山崎久一「再編成と給電運用」（『証言』）▽『呼ぼうよ雲を・太田垣士郎伝』▽『関西電力の20年』関西電力、昭和四十七年▽『黒部川第四発電所建設史』関西電力、昭和四十年▽『黒部川第四発電所工事誌』関西電力▽『電力三国志・関西電力の巻』▽三鬼陽之助『資本主義のために』ポケット文春、昭和三十八年▽安藤良雄編『昭和政治経済史への証言・下』毎日新聞社、昭和四十一年、電力再編成の項

第3章　歴史の教訓

ある比較

電力再編成とは何だったのか。世界の潮流は、一国の経済と国民生活に影響の大きい電力産業の国営化を目指しているようにみえた。日本はそれに逆行したのである。また産業別全国統一組織こそ労働組合の進歩的形態と思われたのに、電力再編成にともなう電産の崩壊と企業別組合への移行は、これに逆行したのである。松永安左ェ門はマッカーサーの威を借りて、あえて世界の潮流に逆らった反動の徒だったのだろうか。

世界の潮流は資本主義から社会主義への移行をめざしており、その手段として社会性の強い産業から国営化を図るべきだという考え方は、社会主義者はもとよりのこと、広く進歩的といわれる人びとの固定観念となっている。それは自由企業体制を是とする人びとをもとらえて、エネルギー産業国営化への心理的障害は薄い。電力再編成、つまり電力産業の私企業化に、自由党と財界が反対だった事実を改めて想起すべきである。

しかしその中で九電力体制は、国営時代十二年の三倍に近い歴史を経た。日本経済の高度成長に即応し、それを立派に支えてきた。だが電力業界が新たに抱え込んだ問題点の根は深く、それにともなって九電力体制は批判されている。しかし九電力体制を評価する場合、しからば日発による国営体制だったら、九電力以上にうまく運営されているのか、また先進国や共産国の電力国営はうまくいっているのかどうか、経営面の国際比較をも行なわなくてはなるまい。

つまりは九電力体制の矛盾は、それを国営化することによって解消できるのか、それとも国営化によってますます矛盾が拡大するのか、を突きつめて考えなくてはならない。

そこで問題を具体的、現実的に考える材料として公共企業体の日本国有鉄道と私企業の電力会社とを比較してみたい。

電力再編成を論議した昭和二十五年四月の国会で、与党自由党の福田一代議士は政府いじめに「電力を私営化しなくてはならないというなら、鉄道もどうしてしないのか」と責めたこともあった。電力業界が日発体制のままだったら、どうだったろうか。それは現在の国鉄の状態にそっくり当てはまっているだろう。

まず、はじめは電力料金は安いであろう。日発なら石油危機による燃料コストの急騰分をそっくり料金にはね返らせることはできなかったであろう。しかしその分は日発の累積赤字となり、結局は国の財政で尻ぬぐいせざるをえない。そして国営企業の不能率、生産性の低さによって、単位当たり電力のコストは割高となる。料金の安さにごまかされがちだが、つまるところ国民の負担は重くなる

（省エネルギーの価格政策からすれば、国庫負担によって電力料金を安くすれば、高価格による節約の強制作

用がなくなり、産業界および消費者の高石油時代への順応が遅れることになる）。つまるところ結局は大幅値上げで解決せざるをえなくなる。

そして、おそらくは予想されるより早く電力不足時代に入っているだろう。国営企業といえども、電源開発会社は精力的に電源開発に取り組んだ。しかし全国一社の形態では、計画、実施、資金調達面で限界がある。九社のやや過当競争気味の努力によって、やっと電力供給力を維持できたのである。しかも発電所の立地難は国営化で解消できない。地域住民は国の仕事だからといって寛大ではない。むしろ政治をからませることによって、私企業を相手にするより有利な補償をむしり取ろうとする。国の仕事である原子力船、新国際空港、東北新幹線の東京—埼玉区間は随分長びいた。まだしも電力九社の火力、原子力発電の方がテンポが早いくらいである。

また春闘の時期ともなれば電源スト、停電ストが年中行事となっていただろう。国鉄と同様、電力もストが禁止されているが、国労、動労と同じく、電産はスト権ストを打っていただろう。電力ストの被害は国鉄ストの比ではない。国鉄のストが世間をイライラさせ、貨物の荷主の〝国鉄離れ〟をひきおこしたように、電力労使の関係悪化による電力供給の不安定は、社会をいっそうトゲトゲしくするとともに、産業界の電化、コンピュータ化を著しく妨げていたであろう。

電力再編成をしとげた松永は、当然のこと国鉄にも深い興味を示した。彼が委員長の産業計画会議は再度にわたって国鉄再建の勧告を行なっている。昭和三十三年七月の「国鉄は根本的整備が必要である」と、四十三年七月の「国鉄は日本輸送公社に脱皮せよ」である。

最初の勧告は、ほぼ電力再編成案に沿っている。「自主なきところ責任は存せず、責任なくしてはサービスの改善も能率の向上も行なわれえない」との前提のもと、国鉄は政府出資に若干の民間出資を加え、数個に分割した特殊会社とする。運輸大臣の監督は大綱にとどめ、社長は総理大臣の任免とするが、取締役の半数以上は純粋の民間人とする。私鉄に許されている程度の兼業を許す。注目されるのは、この特殊会社の従業員にはスト権を認めるべきであって、かくして初めて労働条件は正常化するといっていることである。

十年を置いた第二回目の勧告は、輸送の技術革新に即応して、国鉄を自主性の強い公団に改組するよう主張しているが、分割論は消えた。民営分割論をひっこめたのは、その是非にあるのではなく、より現実性のある策を打ち出したのであろう。松永は不満だったと伝えられている。しかし両提案とも無視された。これだけの処方箋をもらいながら、国鉄にも、運輸省にも、財界にも、松永のように身体を張って国鉄を再建しようという人物は、ついぞ出なかった。かくて国鉄は末期的症状を呈している。

平時において、古い歴史を有する企業体の経営形態の変革は、巨大なエネルギーを必要とする。電力事業の経営形態の変革は日本軍部と米軍の武力を必要とした。今の与野党伯仲の政治情勢下で、国鉄の経営形態の変革はきわめてむずかしい。しかしこのまま国鉄の出血が止まらないとすれば、何か手を打たざるをえない。

電力業界が二十六、七年の二回にわたって六七％の大幅料金値上げを強行した如く、国鉄も値上げによる赤字解消をめざし、このため五十二年十二月に国鉄運賃法を改正し、年間の物価上昇率程度の値上げは、電力と同様、国会の審議を経ずに、所管大臣の認可で実施できるようにした。しかし時すでに遅く、運賃値上げは利用者の国鉄離れに拍車をかけるばかりである。

また地方赤字線の整理、貨物輸送部門の合理化、土地など資産の活用、関連事業の拡充、興銀、新日鉄など民間企業との人事交流等々、いずれも産業計画会議が第二次勧告において、国鉄の自主性、企業性回復のため提案したことを部分的に実行しようとしている。

なぜなのか。なぜこの勧告が出た時、四十三年に実行しなかったのか。その時やっておれば国鉄は何とか救われたかもしれぬ。しかし、なすところもなく、日時は過ぎた。国鉄を愛しても救う手段を知らず、手段を知っていても、それを断行する勇気を欠いたのだ。

幸い電力業界には、業界を愛し、それを救う手段を知り、それを強行できる人物がいた。もしこの人物がいなかったら、電力業界は、いま国鉄人があびせられている「万年赤字」「親方日の丸」の悪口を聞かされ、肩身を狭くしていることだろう。

批判的展望

この電力史は電力国営化とその解体を主題とするもので、電力再編成以後のことは、主題と関連する事項にのみふれただけである。しかし、歴史は現在にも貴重な教訓を与えてくれる。

いま電力業界は、当時とはまったく異質の困難に直面している。公害問題の発生にともなう発電所立地難。巨額の資金を要し、国際政治の焦点になりがちな原子力発電を私企業でやることの是非。世界一の水準になった高電力料金の是非。革新政党のエネルギー公社構想等々。

しかも電力再編成の過程で明らかになったことは、保守政党も財界、産業界もかならずしも電力業界を支援してくれるとは限らぬという事実である。政界も財界も御都合主義におちいりがちである。難局に直面すれば、保守党といえども、電力会社を犠牲にして、安易な国営方式を選ぶだろう。したがって電力業界はみずからの手で難題を一つ一つ解決し、他から、とくに政治のつけ入るすきを与えてはならない。みずから努力しなければ、だれも助けてはくれない。

松永の電力再編成への執念を支えたものは自由企業の優越に対する自信と自覚だった。電力会社の経営者、従業員がこの自信と自覚を失っては九電力体制は崩れるだろう。

私企業と公企業を分かつ点は何か。それは、私企業は原則として収支相償う上に若干の利潤を確保しなければならず、したがって顧客に提供する物品またはサービスの価格は最低、原価を補償しなければならぬということである。ここにはじめて、公企業に欠如する生産性向上と企業意欲が生じてくる。

需要家の反対を恐れ、国からの補償を頼りに原価主義を放棄することは、政治の経営への介入を深めることになり、私企業としての電力会社の自殺行為となる。みずからがつくった物品、サービスの価格が正当な原価を償えないというのでは、私企業の存在理由はない。逆にいえば原価主義を崩すことが九電力体制を崩す、もっとも効果的な手段である。

五十一年の電力料金値上げの時、九電力会社の経営者に、いくらか迷いがなかっただろうか。原価主義を守ることは、一時は値上げ幅を大きくするが、まわりまわって結局は需要家にプラスとなるとの強い自信と自覚があったろうか（もちろん、地域独占体の電力会社が提示する原価計算書は、厳正でなければならないことはいうまでもない）。

九電力体制を守るためには、また「協調的競争」が必要である。地域独占では競争心が出ないという議論は杞憂で、九社それぞれ経営の優劣を競った効果は評価しなくてはならぬ。むしろ競争心が行き過ぎて九社間の協調を欠く事態を心配しなくてはならなかった。

しかし一社が破綻すれば九電力体制そのものの存在を問われる。もともと協調的競争という言葉は矛盾を含んでいるが、地域的独占企業の連合体である九電力体制についていえば矛盾なく実行できるはずである。具体的には広域運営の強化である。

九電力体制を支えた要因の一つは、燃料の石油を豊富に安く買えたことである。石油危機でこの前提はゆらいだ。また核燃料の確保は一個の政治問題である。したがって少なくとも東京、関西、中部の中央三社は、国際環境の変化を的確に把握できる経営者とスタッフを擁さなければならない。

九電力体制を技術面で支えたのは、積極的な外国技術の導入であった。発電所を次から次へと大型化し、そのために一号機を米国ゼネラル・エレクトリック、ウエスチングハウス社につくらせ、二号または三号機から日立、東芝、三菱電機につくらせるという方式を守ってきた。

しかし、原子力発電でこれを踏襲した結果、いろいろのトラブルが発生した。手っ取り早い技術輸入の安易さになれて、電力、電機業界とも、困難な自主技術開発の態勢にゆるみがなかったか。同じく米国から軽水炉の技術を導入した西独が、自主技術を加えて第三国に輸出する力を持つようになったのはなぜなのか。

亡くなった木川田一隆が東電会長だった時、原子力開発について語し合ったことがある。政府がいつもへっぴり腰で、国民に対しみずから説得する姿勢を欠いている。いま原子力委員長に松永の如き人物をすえる必要はないのか、という筆者の意見に、木川田は少し考えて、「いまは松永流の行き方はかえって反発を招くだけかもしれぬ」といった。

敗戦後日本は民主主義を与えられ、大衆は自分の意見を主張するよう奨励された。しかし当時はなお権威主義が残っていたが、いまはまったく違う。大衆の発言は強力な政治力となり、松永流の強引さを決して許さないだろう。したがって大衆を説得し、大衆に事態の真相を知らせる努力が必要となる。政府がやらなければ、経営者がやらねばならぬ。大衆社会における大衆の説得こそは、ある意味でもっとも高度な政治的行為である。

これまで私企業の経営から極力政治を排除する必要を説いてきた。公企業の欠点は、まさに政治にとらわれる点にあることを力説した。しかし電力産業が政治介入を排し、私企業の独立を保つためには、大衆説得という高度の政治力が必要になってきたという逆説めいたことを、いま指摘せざるをえない。

これからの電力事業の経営者は松永安左ェ門の資質にさらにプラスする能力が求められる。果たして現在の経営者にそれだけの能力があるや否や。

第4章　よみがえる松永イズム

行革と電力

日本の国家財政は、百兆円を超す国債発行残高が端的に示すように、悪化の一途をたどっている。財政再建には二つの手段、増税と歳出削減しかない。大平正芳内閣が一般消費税新設という増税路線に踏み出そうとして、そのことのために昭和五十四年十月の総選挙で与党自民党の後退を招き、敗北の責任をめぐって党内は大荒れに荒れた。その心痛が翌年六月十二日の大平首相急死につながった。後を継いだ鈴木善幸内閣が増税路線をとれるはずがない。当然歳出削減＝行政改革にならざるをえない。

鈴木首相、中曽根康弘行政管理庁長官が、財界長老であり、「ミスター合理化」の名のある傑出した経営者土光敏夫を会長に五十六年三月、臨時行政調査会を発足させた。同会は五十八年三月に最終答申を出して解散、あとは政府が臨調答申を「最大限尊重」して実施することになっている。その責任者は鈴木内閣の後を継いだ中曽根内閣であり、中曽根首相は鈴木内閣のときから、行革を担当する行管長官であった。

土光行革には世論の支持がある。行革をしないと増税だ、増税はいやだ、という気持ちからだが、それとともに国鉄をはじめとする国営、公営企業や一部地方自治体の経営ぶりに対する不満も多い。そして経済界には「われわれ民間は石油危機を、徹底した減量経営で切り抜けた。次は政府、公企業、地方自治体の番だ」という意識がある。

行革の実行にあたっては電力民営化の時と同様、与野党や官庁、官僚、圧力団体、労働組合の強い反対がある。前回は反対をマッカーサー元帥の権威で押し切ったが、今回はこの世論の支持を当てにせざるをえない。行革の成否はここにかかっている。

ところで、臨調答申は「あまりに理想的な案をつくって実行されないよりも、歯切れが悪くとも実施可能な案を」という戦術に沿ってまとめられたものだけに、および腰で抽象論が多すぎるというのが大方の批判である。ただ国鉄、電電、専売の三公社改革案だけは、はっきり民営化に踏み切り、国鉄、電電については地方分割を打ち出し、きわめて具体的である。なぜ公社改革が先行したのか。

一方に、国から毎年七千億円の補助金をもらいながら、なお一兆円を超す赤字を出し、しかも赤字がふえ続ける国鉄があり、一方に大都市では運賃が国鉄の半額で、しかも黒字という地域民営鉄道がある。それに鉄道以上に公益性の高い電力産業は、ときには料金値上げ反対、ときには発電所の立地難に悩まされながらも健全経営を続け、経営形態は民営・分割である。この民鉄と電力会社の存在がなかったら、公社改革にあたって民営・分割の発想がすんなり出てこなかったろう。

筆者は五十二年六月にヨーロッパの国鉄を取材する機会をもったが、各国とも経営破綻に悩みながら、その解決策を民営や分割にゆだねるという発想は全然なかった。政治的理由もあるが、何よりも各国とも健全経営の民営鉄道、電力会社という手本とすべき実例がないからである。だから電気事業の民営・分割の断行は、今もなお日本の経済体制や基幹産業の経営形態論議に決定的な影響を与えているといえる。

奇しくも三公社問題を担当し、民営化の結論を出した臨調第四部会の部会長は加藤寛であり、加藤は松永安左ェ門と同門の慶応義塾大学出身であり、教授であった。官より民を尊しとする松永イズムはいろいろの因縁をたどって、生き返ってきたといえるだろう。

地方分権

国営より民営がよいという考えは昔から珍しくない。むしろ松永イズムの独自性は地域分割にあるのかも知れぬ。

松永の主宰した産業計画会議が昭和三十三年に「国鉄は根本的整備が必要である」として民営・分割化を提言した。分割の理由づけはこうである。

「現在の国鉄は経営単位が過大なため、中央の意志が末端まで行きとどかぬ」

「事業経営のためには経営者はその経営の実体を常に把握していなければならないことは自明の理であるが、現在のような全国一本の膨大な経営単位では、いかに事務の機械化を行ない、進歩した計算機を使用しても、日々計数的に経営の実体を明らかにすることは困難であり、これでは責任ある事業の経営は不可能である」

「現在のような全国的プール計算では、経営努力によって黒字となり得る路線の赤字に対しても経営者は不感症となり、赤字経営の原因も責任も不明確となる。分割経営ともなれば一つ一つの路線の赤字に対しても敏感となり、黒字経営への転換に努力することになる」

ここでは分割はもっぱら経営効率の観点から取り上げられている。しかし当時と現在とでは国土の環境は大きく変わり、人心も大きく変化した。大都市圏、とくに東京への人口、経済力、情報の過度な集中に対し、それらの地方分散を説く地域主義、地方分権主義等々が台頭している。しかも一方で高度成長時代の社会資本充実政策で、地方の道路、港湾、空港、通信網がほぼ完備した。この精神的、物質的条件が、松永が生きていた時期以上に、国鉄、電電の地域分割を受け入れやすくする素地をつくった。

電力の地域分割は、今になって考えれば地域の活性化に大きく貢献している。東京には東京電力と肩を並べる大企業はいくらもあるが、地方では電力会社はトップ企業、それも第二位をぐんと離している。だから地域の経済団体連合会の会長はほとんど電力会社のトップが占め、地域の経済界を指導している。ほぼ二年で交替する国鉄の鉄道管理局長と地域とのつながりとは全く違う。

もし関西電力が日発関西支店のままだったら、地元との関係はギクシャクし、近畿の電力事情は悪化し、今のサービスは期待できないだろう。何よりも地域はビッグ・ビジネスの存在を欠くことになる。

松永の地域分割の思想は、新しい条件の下で、より深く、より力強く盛り上がってきたといえそうだ。

新しき潮流

電力の民営・分割をお手本にした臨調の公社改革案を流れる思想は、ただ日本だけの特異な産物ではない。むしろ世界の新しい潮流になりつつある。いま世界経済は行きづまりの兆候をみせ、行きづまりからの脱出を図るため、各国が「経済活性化」を模索している。その取っかかりとして民間企業の自由活発な活動に期待し、これまでとは逆に重要産業の民営・分割化を図ろうという動きがアメリカ、イギリスに広まっている。反対に、国有化によってフランス経済を活性化させようとした社会党員ミッテラン大統領の政策は、失敗したと言ってよいだろう。

なぜ潮流は変わったのか。

まず社会主義官僚が中央で全国一元的に経営する社会主義企業のダメさ加減がはっきりしたことである。競争がないためサービス向上、コスト削減、品質向上への刺激がなく、軍事目的に直結した部門が突出することがあっても、一般の商品生産は広範な国民の要求にこたえることができない。

また社会民主主義が主導する福祉国家も色あせた。大衆に多くの福祉をばらまくため企業から増税する。労働組合が勢いづいて多くの分配を要求する。こうして企業の利潤が低下し、国際競争力も落ちる。かくて企業の体力が弱まり、倒産の危機に襲われる。倒産すると労働者は職を失うから、雇用を救うため企業を国有、国営化する。当然のこと民営より、もっと経営が悪化し、国の赤字負担がふえ、国の財政も悪化する。

第一次大戦後、自由放任主義経済が破綻し、そのアンチテーゼとして出現した社会主義国と福祉国家の経済運営が、昨今とみにまずくなり、そのまたアンチテーゼとして、民間企業の自由競争のメリットが再び説かれるようになった。

アメリカのレーガン大統領がアメリカ電話電信会社（ATT）の市内電話部門と市外回線・情報産業部門を分割したこと、イギリスのサッチャー首相が英国電気通信公社（BT）などの民営化を促進していることなどがその具体例である。もっと広く考えれば、東欧のハンガリー政府が市場原理導入と企業自主性強化を図っていることや、中国の人民公社の自由化政策なども、経済活性化への一連の流れの中でとらえることができよう。

イギリスでは日本の民営化にあたる言葉としてPrivatizationという新造語を使っている。これまでのDenationalization（非国有化）という言葉では、民営化の積極味が感じられないからだろう。現在の民営化は政府から民間に所有権が移転するということよりも、自由と競争と活力への復帰に力点が置かれている。つまり企業の経営権が、活力と創造力に恵まれた松永の如き経営者の手中に戻ることが期待されているのである。

いま松永イズムが世界のとうとうたる流れのなかで確実に主流となりつつある。

書きもらしたことなど

ひとびと

新聞記者のクセで、文献だけでは物足りず、直接自分の耳で聞き、目で確かめたくなる。電力再編成史は松永安左ェ門の個人的伝記とほとんど重なってくるが、松永翁とは、もはや会えぬ。しかし他の人びととは会ってみた。

書き始める前、昭和五十年の年末の御用おさめの日、あの傲慢な松永がタタミに頭をすりつけてあやまった長崎事件（第Ⅰ部第1章参照）の主役、若き革新内務官僚丸亀秀雄に会った。銀座に事務所のある輸入海苔協同組合連合会の専務理事をしており、当時七十一歳だった。

この事件は丸亀の人生の中で、もっとも大きな事件の一つだったようで、三十九年前のことなのに、その記憶はなお生々しかった。内容は彼が『松永安左ェ門翁の憶い出』に寄せた一文とほぼ同じである。そこには書かれていないが、その時、丸亀のところへ、東邦電力の社員から「松永社長は社内で横暴をきわめている。もっとこらしめてくれ」という内部告発の投書がきた話が出た。

丸亀はあの松永を痛めつけた人だから、もちろん上司におべっかを使うような人柄でなく、その後、貴族院書記官などを務めるが、局長、次官といった出世コースをたどるにはあまりに剛腹すぎた。彼が戦争末期、東条英機首相追い落しの運動に密かに動いた思い出を語った。丸亀は五十八年に亡くなった。

国策研究会は永井柳太郎逓相の意を受けて、電力国管の推進に重要な役割を果たした（第I部第3章参照）が、国策研究会の指導者矢次一夫は戦後も日韓のパイプ役として大きな役割を演じた。ロッキード事件の余波で、日韓癒着が騒がれ、矢次も名があがっていた時なので、新聞記者の来訪に固い顔つきだったが、昔の話とわかり、いろいろ打ちとけて話してくれた。

「君、電力国管とは具体的に何だったたと思う。つまり松永のような男に、重大な電力産業をやらせてはならぬという気持ちだったんだ」

「松永というのは勝手な男だね。戦後西尾末広君が松永に会わせてくれというので、連れていったら、西尾に一言もしゃべらせないで、自分だけ二時間もしゃべり続けた。せっかく天丼をあつらえてくれたが、食べることができないんだよ」

——いかにもいまいましげな口ぶりだった。彼も故人となった。

昭和五十一年暮れ、東京の新大手町ビルの高岳製作所会長室に近藤良貞を訪れた。かつて小坂順造のふところ刀として松永をきりきり舞いさせた人であるが、きわめておだやかな話しぶりであった。

会長室で目につくのは大きな新井章治の写真である。

「日発時代、中国支店長を内示されたが、どうも気乗りしなかったら、新井総裁は私の気持ちを察して、本社勤務に変えてくれた。広島へ行っていたら、原爆で死んでいたんですよ」——近藤が新井を最後まで東京電力会長のイスにつけようとした執念の中には、この一件もあずかっていたのであろう。

会長室にはまた松永の手紙の真筆が額にかかってある。電力再編成という大仕事に全身でぶつかった記憶は、近藤にとっても敵味方の愛憎を越えたものになりつつあったようである。

松根宗一と東京・虎の門の大同製鋼相談役室で会った。松根は当時、経団連のエネルギー対策委員長として活躍していたが、彼はもと興銀マン。五大電力が過当競争したあげく、金融資本の命令でカルテル「電力連盟」を結成せざるをえなくなり、その書記長となったのが松根である。

この松根は昭和十三年の六月ごろ警視庁に逮捕される。同年一月から三月にかけて衆議院も貴族院も電力国管に反対する。内務省の警察官僚は、代議士連中が反対するのは、しょせん、電力業界が政治資金をばらまいてやらせているのだと判断する。そこで、まず松根をしょっぴいたわけである。

「何の証拠もない。ただ、当時は政府に反対すると、こんなことをしたもんだ。つかまえることで無言の圧力を加えるんだ。拷問はされなかったが、二ヵ月の留置場暮らしをさせられた。さすがに釈放はしてくれたが、何もしないのにくさい飯をくわされ、腹が立って仕方がない」

「そしたら松永さんが新橋で慰労会をやってくれた。そして松根君、人間は死ぬような病気の経験もなく、命がけの恋愛をせず、くさい飯をくったことがないのでは大した人間にはなれぬ。君は願ってもない経験をしたのだ、と激励してくれてね」

河野一郎経企庁長官が原子力発電に特殊法人案を持ち出し、九電力と対立した話も出て、「いまもエネルギー公社案があるが、君、それは正しいと思うかね」とギョロリとにらんだ。そして「私企業には競争と活力と責任感がある」と断定した。

ここで検察権力が不法に電力業界に介入した横浜事件について触れておきたい。横浜事件といえば、細川嘉六の逮捕に始まり総合雑誌『中央公論』『改造』を廃刊に導いた神奈川県特高警察による戦中時の言論抑圧事件が有名だが、ここで述べるのは東京電燈が横浜市電気局に贈賄したとして新井章治東電営業部長が逮捕された、もう一つの横浜事件である。そして両方とも根も葉もない警察・検察権力のねつ造であることで共通している。

革新官僚は内務、経済関係だけでなく司法部門にもいた。彼らはみずからを正義とし、政党、財界をたたくことを自分たちの義務と信じた。たしかに、法に従って政党、財界を正すのは彼らの責務である。しかし思い上がったあまり、不法に事件をでっち上げるようになった。自由主義派の斎藤実内閣は検察のでっち上げによる帝人事件でつぶされた。いわゆる「検察ファッショ」である。横浜事件もささやかながら、その一例である。

東電は政友会と醜関係にある。横浜市は東電にとって良いお客である。大切なお客をつなぎとめるため、東電は市電気局に何か手を打っているだろう。たたけば、ほこりが立つだろう。こうして昭和九年、まず集金人をひっぱり、拷問にかけて贈賄をでっち上げ、検挙の手は東電横浜支店長から本店営業部長の新井にまで及ぶ。横浜検事局は財界の大立物、小林一三東電社長にねらいをつけていたのは明らかである。しかし新井は圧力に屈せず、逮捕はこの線でくい止められた。

この事件がいかにでっち上げであるかは、裁判所も「公訴事実はいずれも犯罪の証明なし」と無罪をいいわたし、検事局もこの判決に服したことでわかる。裁判中、拷問の事実が明るみに出て、横浜検事局上席、次席検事、横浜刑務所長らが左遷され、拷問した警察官は起訴されて実刑を受けた。いたましくも、被告人側に四人の自殺者を出したのである。

司法権力が功名心と結んだ過剰な正義感にとりつかれると世は暗黒になる。横浜事件の最中に日中戦争が始まり、事件が落着した昭和十三年の翌年四月に日発が設立、電力国管が始まった。この事件で毅然とした態度で上への波及をくい止めた新井を小林一三はいたく信頼し、やがて新井に社長をゆずる。そしてかつての被告人新井は日発総裁となり、戦時下の電力産業の総元締めを務めることになった（詳細は『新井章治』参照）。

ところどころ

松永本人に会えないので、せめてものこと、松永ゆかりの土地を訪れた。松永が戦時中ひきこもっていた柳瀬山荘（埼玉県所沢市大字坂之下、旧入間郡柳瀬村）を昭和五十一年四月訪れた。「黄林閣」とかかれた大きな茅ぶきの農家には人が住んでいた。おばあさんが出てきて管理人と名乗り、ここは東京国立博物館の許可がないと入ってもらっては困るといわれ、早々に退散した（二〇二一年現在は一般に公開されている――編集部注）。

博物館の許可をもらって再度訪れたら、今度はそのおばあさんが茶室の雨戸も全部開けて親切に案内してくれた。婦人は松永お気に入りの出入りの大工の息子のお嫁さんで、古屋という名前である。山荘のできた当時、ここは貧しい村で、山荘をつくる仕事は村人にとって有難い副業だったという。しかし都会化のとうとうたる流れは、ここにも押し寄せている。周囲に小住宅や工場、倉庫が立ち並ぶ。付近で川越・所沢街道と関越高速道路が交差し、国鉄武蔵野線も近くを走り、交通の要地となってしまったのだ。清流だったという柳瀬川もすっかりにごっている。そんな中に柳瀬山荘のみ武蔵野の面影を保ってポツンと残っている。そして道路をとばす大型トラックの騒音と震動は、静かな雰囲気を乱している。

松永が電力供給面から支えた高度成長の波は柳瀬山荘をゆさぶっており、関越道路が貫通した暁、もはや、お茶をゆったり飲む環境ではなくなっているかもしれない。そのことを天国の松永翁は悲しむだろうか、それともやむをえぬことと思うだろうか。

翌五月、小田原市板橋の松永記念館を訪れた。ここもすっかり家がたてこんで探しにくくなっている。重要文化財の野々村仁清作「色絵吉野山茶壺」を拝見したが、あいにく国宝の「釈迦金棺出現

平林寺（埼玉県新座市）にある松永安左ェ門と松永一子の墓（2021年４月８日撮影）

図」は展示していなかった。松永はこれを手に入れるため、天皇もお立寄りになった伊豆堂ヶ島の別荘を手放さなければならなかった。

　松永記念館は昭和五十四年に閉じられ、コレクションは福岡市美術館の「松永記念館室」に、建物は小田原市に寄贈された。

　松永のお墓は、柳瀬山荘に近い名刹平林寺にあり、何回も参った。もうこの辺も宅地開発が進み、柳瀬山荘とともに武蔵野の面影を残す数少ない場所である。参観ルートを少し進むと、道のすぐかたわらに松永安左ェ門と松永一子の墓がなかよく並んでいる。

　このお寺も、深大寺ほどではないが、春と秋の休日は混むようになった。若いグループが嬉々として横を通るが、だれも振り向かぬ。かつて大きな仕事をし、大いに遊び、精一杯生きたこの大きな人物も、やがては忘れられていくのだろうか。

ほん

電力国管の歴史をまとめるについて、国管成立までのことは『電力国家管理の顚末』(電気庁、昭和十七年)、国管解体までは『電気事業再編成史』(公益事業委員会、昭和二十七年)に大いに頼った。豊富かつ客観的にデータが集められており、両書がなかったら研究者はどれだけ無駄な努力をしなければならないか。

資料集めに神田の古書街を歩いてみると、これまで二束三文だった社史、産業史の値段が一様に高くなっている。しかし電力関係はさほどでない。おそらく電力史を研究する学者、研究者が少ないせいではないか。

そういえば電力史の研究論文は意外と少ない。最近に限っていえば、埼玉大学経済学部の松島春海助教授の「戦時経済体制の成立過程と産業政策——電力統制政策の展開」(安藤良雄編『日本経済政策史論・下巻』東京大学出版会、昭和五十一年)、坂本雅子「電力国家管理と官僚統制」(季刊現代史5号ぐらいが目についただけ。もちろん、どの通史にも軽く触れてはいるが、そのものを突っ込んだ研究はみつからぬ。電力史研究はアナ場である。

栗原東洋編『電力』(現代日本産業発達史Ⅲ)は日本の電力産業と電力史のエンサイクロペディアと

もいうべきで、この本のおかげで他を調べる苦労がはぶける。なお最近電力マン自身の手による『電気事業発達史』(新電気事業講座3、電力新報社、昭和五十二年)と、大部の『電力百年史』上、下(渡辺一郎ら、政経社、昭和五十五年)が出た。

社史はいろいろあるが『東邦電力史』『日本発送電社史』は秀逸である。両社ともつぶされた会社である。そこには亡びた会社への愛惜と怨念がこめられ、気迫を感じる。その点、九電力や配電会社の社史は無味乾燥の感じで、参考にはなったが、面白くはなかった。

個人関係で『松永安左ェ門翁の憶い出(上・中・下)』は、松永翁の人格を反映し、ありきたりの追憶集と違って、みんないいたい放題のことをいっているのが面白く参考になった。丸亀秀雄を探して書かせるなどの労を多としたい。巻末の年譜は随分役立った。

『新井章治』、近藤良貞『電力再編成日記抄』も面白かった。『日記抄』は、おそらく財界の内幕がこんな形で世に出ることはこれまでなかったし、今後もあるまい。奇書である。

『日本発送電社史・総合編』と『新井章治』の執筆者は、ともに筆者の勤務する朝日新聞の先輩で、軍事記者としてならした高宮太平であることを発見した。もちろん依頼者日発の意を受けた日発の正史なのだが、かならずしも日発に偏していない。日発の官僚的経営への批判はかなりしんらつである。そこが面白かった。

取材の過程でいまひとつ残念だったことがある。近藤良貞の向こうを張って、松永派についての情報を握っていた木川田一隆に話が聞けなかったことだ。日本経済新聞に「私の履歴書」を連載したが、奥歯に物のはさまった感じのところがある。一度とっくり聞きただそうと思った時は、すでに病気だった。木川田とともに永久に去った秘話が多かったろうし、それを惜しむ。

しかし聞いてみても、木川田はかならずしも真相を話さなかったであろう。木川田はつねづね新聞記者にも社内にも、過去にこだわらず、常に未来に目を向けよといっていた。それはそうだが、古きをたずねて新しきを知る、ということもある。歴史を探究せずに未来ははかれない。

おそらく再編成とその後の業界に、責任者として身を張ってタッチしてきただけに、気楽には話せなかったのだろう。そういう木川田の気持ちのせいで、木川田の在世中は東京電力には他社のような社史がなく、やっと五十八年三月に『東京電力三十年史』を出した。

かえって東京電力労働組合の方が早く組合史を出した。『東電労組史第一巻』『東電労組史前史』『東電労組史年表』がそれである。とくに『前史』を高く評価したい。なぜなら、戦後の労働運動を華々しくリードした電産についての記録がなかなか見つからぬ。電産があまりにあっけなく崩壊したものだから、それをまとめる人も、資金もなかったのであろう。

東電労組は電産に敵対した組織である。しかし克明に記録を掘り起こし、おのずと電産史にもなっている。それにしても総評史も電産については概括的にふれるだけ。なぜあれだけの活気ある大組織が崩れ去ったのか、それを分析する学者、研究家がほとんどいないのは怠慢だと思う。

最後に、松永自身の文章にふれたい。松永は自分で書くのが好きで、口述筆記を含めて、いろいろ書き散らしている。しかし出版はキワものに類して、それも散逸しかかっている。私は松永の弟子にあたる電力業界首脳に、松永の正伝と全集をまとめる義務があり、そうしなければ忘恩のそしりを免れぬと説いた。

やがて横山通夫（中部電力）、平岩外四（東京電力）、永倉三郎（九州電力）三人の世話人で「松永安左ェ門伝刊行会」が経済往来社内に設けられ、昭和五十五年に小島直記執筆の大部の『松永安左ェ門の生涯』が刊行された。

また、五十七年から五十八年にかけて、五月書房が『松永安左ェ門著作集』一～六巻を発行した。小島は伝記執筆にあたって、本人が克明に記した日記を遺族が公開しなかったのを残念がっていたが、その一部『松永安左ェ門九十歳病床日記』が五十八年に経済往来社から出版された。病床にある高齢者の自筆日記としては恐らくギネスの記録になるのではないか。

昭和五十八年六月十六日は松永氏の十三回忌にあたる。死して十三年たって、にわかに文名あがる――めでたしというべきだろう。

関連年表

昭和2年（一九二七年）
3月15日　金融恐慌始まる

昭和3年（一九二八年）
5月1日　松永安左ェ門「電力統制私見」発表

昭和5年（一九三〇年）
1月1日　金輸出解禁、昭和恐慌深刻化

昭和6年（一九三一年）
9月18日　満州事変始まる

昭和7年（一九三二年）
4月19日　五大電力、カルテル「電力連盟」結成
5月15日　五・一五事件
12月1日　改正電気事業法施行

昭和8年（一九三三年）
1月30日　ヒトラー、ドイツ首相に就任
3月4日　ルーズベルト米大統領就任

5月17日　米国、テネシー川流域開発公社（TVA）設置

昭和9年（一九三四年）

10月1日　陸軍省新聞班「国防の本義と其強化の提唱」で高度国防国家への転換訴える

昭和10年（一九三五年）

5月　内閣調査局設置、調査官に奥村喜和男、鈴木貞一陸軍大佐ら

昭和11年（一九三六年）

2月26日　二・二六事件

3月13日　頼母木逓相「電力国管」声明、電力株暴落

3月15日　内閣調査局「電力国家管理案」発表

7月13日　頼母木逓相「電力国策要綱」を閣議に提出

8月25日　広田内閣、電力の統制強化を含む七大国策を発表

10月7日　「東北興業」「東北振興電力」設立

昭和12年（一九三七年）

1月19日　「電力国家管理法」等関係五法案、衆議院提出

1月21日　浜田国松代議士の「腹切り問答」事件。内閣総辞職となり、国管法案流れる

1月23日　長崎事件

4月　ソ連第二次五ヵ年計画完成

6月4日　第一次近衛内閣成立、逓相に永井柳太郎

7月7日　日中戦争始まる
9月3日　国策研究会「電力国策要綱」発表
10月14日　逓信省、臨時電力調査会設置
10月22日　五大電力「電力統制に関する意見書」提出
11月19日　臨時電力調査会、電力業界の反対を押し切って電力国管の答申案つくる
12月16日　五大電力、共同計算制案提出
12月17日　電力国策要綱案、閣議決定

昭和13年（一九三八年）
1月25日　電力国管法等関連四法案、第七十三議会に提出
3月24日　国家総動員法成立
3月26日　電力国管法等成立
5月6日　電力管理準備局設置、長官大和田悌二
9月6日　日本発送電株式会社設立委員会発足

昭和14年（一九三九年）
4月1日　電力国管実施、日発創立総会、電気庁発足
8月12日　異常渇水のため電力不足となり、増田次郎日発総裁、発電用炭確保で政府に嘆願書
9月3日　第二次世界大戦始まる
12月20日　笠信太郎『日本経済の再編成』刊行

昭和15年（一九四〇年）

2月3日　電力調整令にもとづく電力消費制限実施
9月27日　既設水力発電所と配電の国管を行なう「電力国策要綱」閣議決定、いわゆる第二次電力国管
10月12日　大政翼賛会結成
11月13日　松永安左ェ門東邦電力社長辞任、会長に
11月22日　松永、関東電気供給事業者大会で第二次国管反対をぶつ
12月7日　財界七団体、統制強化に反対する「経済新体制に関する意見書」を近衛首相に手渡す。経済新体制確立要綱、閣議決定

昭和16年（一九四一年）

1月16日　企画院調査官の検挙始まる。いわゆる企画院事件
2月21日　国家総動員法改正案成立
3月7日　日本発送電会社法改正案成立
4月23日　勅令で電力管理法施行令改正
5月27日　水力発電所などの日発への強制出資命令公布
8月30日　配電会社を九社に統合する配電統制令公布
12月1日　日発、東北振興電力を吸収合併
12月8日　太平洋戦争始まる

昭和17年（一九四二年）

4月1日　九配電会社設立、東邦電力解散

昭和18年（一九四三年）

10月31日　軍需会社法公布、日発を重要会社に指定

昭和20年（一九四五年）

2月14日　近衛文麿、上奏文を出す

5月25日　小石川の日発本社、空襲で焼失

8月15日　終戦

10月15日　日発本店に電気製塩部設置

12月7日　ポーレー賠償使節団、火力発電所の半分の賠償を含む中間報告書発表

12月8日　日発本店従業員組合、関西配電労組結成

12月20日　関東配電従業員組合結成。日発関東支店従業員組合「本給三倍、諸手当五倍引上げ」「発送配電の一元化」を要求

12月22日　労働組合法公布

昭和21年（一九四六年）

1月26日　日発従業員組合（単一）結成

4月7日　日本電気産業労働組合協議会（電産協）結成

8月13日　連合軍総司令部、鶴見など二十の火力発電所を賠償指定

10月7日　電産協、日発、九配電が電気事業民主化の共同声明
10月　東京裁判で検事側が日本経済武装化の一環として電力国管を攻撃
12月22日　電産協、ストで「電産型賃金体系」獲得

昭和22年（一九四七年）
1月31日　マッカーサー、二・一スト中止命令
2月18日　ストライク報告、賠償緩和を勧告
5月6日　日本電気産業労働組合（電産）結成大会
6月26日　新井章治日発総裁、公職追放で辞任、後任に大西英一
8月4日　日本社会党「電気事業の国有国営案」発表
8月10日　日本共産党「重要企業国営人民管理法案」提案
9月　電産「電気事業社会化要項」発表
12月8日　石炭国管の「臨時石炭鉱業管理法」成立
12月18日　過度経済力集中排除法施行

昭和23年（一九四八年）
2月22日　電気事業が集中排除法の指定受ける
4月22日　日発、九配電それぞれ持株会社整理委員会に再編成計画書提出
4月30日　電気事業民主化委員会発足
5月　配電事業全国都道府県営期成同盟会、配電の公営案を発表

10月1日　電気事業民主化委、北海道、四国のみ分割し、日発を残す案を答申

昭和24年（一九四九年）

5月10日　米五人委員会、電力七分割案を内示
6月1日　公共企業体「日本国有鉄道」発足
9月27日　GHQ、再編成案の非公式覚書を示す
10月1日　中華人民共和国成立宣言
11月4日　政府、電気事業再編成審議会の設置決める
11月21日　松永安左ェ門、再編成審議会会長に
12月23日　反電産の企業別組合、関東配電労組結成

昭和25年（一九五〇年）

2月1日　再編成審議会、日発温存の三鬼案を正案、九分割の松永案を参考意見として答申
4月20日　電気事業再編成、公益事業両法案を国会提出
5月2日　両法案審議未了
6月25日　朝鮮戦争始まる
7月5日　GHQ、電源開発に対する見返り資金の融資停止を言明
7月12日　電産中央、共産系分子排除のための組合員再登録を指令
7月23日　GHQ、再編成遅延を理由に日発、配電会社の設備変更、増資、社債発行の停止を通告
8月26日　日発、九配電で二一三七名をレッドパージ

10月13日　小坂順造、日発総裁に
11月22日　マッカーサー、吉田茂首相に再編成促進の書簡
11月24日　電気事業再編成令、公益事業令をポツダム政令として公布
12月15日　公益事業委員会発足、松本烝治委員長、松永安左ェ門委員長代理

昭和26年（一九五一年）

2月8日　日発、配電、再編成計画を公益委へ提出
3月30日　公益委が決定指令通告、小坂順造日発総裁不服申し立て（四月二十九日取り下げ）
5月1日　九電力会社発足、日発解散
5月16日　九社、七六％の電力料金値上げ申請
8月13日　三〇％の値上げ実施
8月23日　政府が一万田尚登ら講和条約全権に電源開発と外資導入の必要性を強調する「B資料」を提示
9月8日　対日講和条約調印

昭和27年（一九五二年）

3月15日　九社、三二・八％の値上げ申請
5月11日　二八・八％の値上げ実施
7月4日　東電臨時株主総会後の役員会で新井章治会長に
7月31日　電源開発促進法成立
8月1日　公益事業委員会廃止

9月1日　新井章治東電会長死去（享年七十二歳）
9月16日　電源開発会社創立総会。電産、九十四日に及ぶ二十七年秋季闘争開始
11月10日　反電産の中部電力静岡労組結成、中電各地に波及
12月8日　東京電力労組スト中止
12月15日　電産関西地本スト解除
12月18日　電産中央スト中止声明

昭和28年（一九五三年）
3月19日　電産関西地本、電産脱退、関西電力労組結成を決定
8月7日　電気事業・石炭鉱業スト規制法公布
8月10日　電発佐久間ダム起工式

昭和29年（一九五四年）
5月26日　企業別組合による全国電力労働組合連合会（電労連）結成、電産にとってかわる

昭和31年（一九五六年）
7月　関西電力、黒部川第四発電所着工（三十八年六月五日完工）

昭和39年（一九六四年）
3月16日　太田垣士郎関西電力会長死去（享年七十一歳）

昭和46年（一九七一年）
6月16日　松永安左ェ門死去（享年九十七歳）

大谷健さんと私——二十年の清談を振り返って

御厨（みくりや）貴（たかし）

大谷健さんと私、などと書くと何やら秘密めいた交際があったやに推測されるむきがあるかもしれない。別段、そんなことはない。清談の交わりであった。ただ私が知り合った一九八〇年代は、大谷さんは刈り取りを急ぐ農夫の如く現役の朝日新聞記者の最後の時期であったし、私は都立大に就職したばかりのポッと出の新米教師そのものだった。その二十歳も年の離れた二人がなぜ知り合うことになったのか。そして一九九〇年代末までの二十年間、断続的に清談を繰り返したのか。私の研究室書庫には、大谷さんが生涯に出された十五冊余りの本がすべて揃っている。ほぼすべて大谷さんからいただいたものだ。

では清談にいたる契機を思い出してみよう。今やJRを国鉄などと言う人はもういない。しかし一九八〇年前後は、国鉄の赤字経営と労働組合の一大勢力化は、この国の大いなる未解決の課題になっていた。メディアは国鉄経営陣に辛く、組合には甘い傾向が常であった。そんな中、ビシビシと経営陣にも組合にも歯に衣着せぬ直言記事を書いていたのが、あの朝日の経済部記者・大谷健さんであった。辛口の署名入り記事から、やがて『国鉄は生き残れるか――再建への道を考える』（産業能率短期大学出版部、一九七七年）が、大谷さん最初の著書としてお目見えした。この本は東大法学部研究室にても、左翼でなかった同室の助手と二人でひそかに話題にすることができた。取材と記事の緊張関係について語ったものだった。

だが私が大谷さんをもっと直接的に知るようになったのは、都立大で一九八一年のゼミのテーマに「電力の戦前と戦後」を取り上げたことによる。すでに「国策統合機関の設置問題」で論文を公刊したばかりの私には、戦後へ射程距離をのばす意味でも「電力国管から民営化への政治史」が打ってつけのテーマと思えたからである。私のその話を聞いた佐藤誠三郎東京大学教授は、戦前・戦後のエネルギー問題をやるならば、まずＭＩＴのリチャード・サミュエルズ准教授に会えと言う。なぜ外国人研究者にという私の当惑顔を見逃さず「日本人よりは今や外国人のほうが、戦後史を手がけていますからね」と佐藤教授はピシャリと言ってのけた。

そこでちょうど日本に来ていたサミュエルズ准教授に会うと、ぜひ『興亡』を読んだ上で大谷さんに会えと、親切にも紹介してもらったのだった。あの大谷さんがこの大谷さんかと気づいてビックリ。そして大谷さんの電力への問題意識があの国鉄をどうするかという現実問題の解答探しから始まったことを知った。まことに今思うとヤボな話だが、東大法学部流の政治史に浸っていた私には現実問題の解決のために歴史問題に取り組むという発想が、そもそもなかったのである。だから、『興亡』という大谷さんの著書に接しても、この本と著者が私の「電力と政治」研究の最強にして最大のライバルになるとは、ついぞ思っていなかった。不覚である。それに大谷さんの風貌としゃべりにも惑わされた。私が朝日新聞を訪れると言ったのに、どうしても都立大の研究室に赴くと言い張って現れた大谷さんは、失礼ながら五十歳代前半の中年オジサマ風ではなく、頭は禿げかけて関西弁なまりが強く、あたかも吉本新喜劇に登場する爺様役者の雰囲気が漂う。おしゃべりの始まる前にその容貌に圧倒され、気がついたら攻守逆転、大谷さんの質問に私が答えるという破目に陥ったのである。大谷さんは興味津々、あれこれ研究室の内外を見てまわり、「じゃ、さいなら」と言って、トボトボ大学の建物を出ていくではないか。ホイしまった。完全にやられたぞ。「取材いうのは、ギブ・アンド・テイク。次は先生の番ですわ」との返事。オーラル・ヒストリー以前の私の失敗談である。

それからの大谷さんは、「学者でこの問題に取り組んでいる人は少ないから、歴史の穴でっせ」と言って、電力中央研究所を紹介してくれたり、電力関係者と会わせてくれたりした。『興亡』の巻末に置かれた「書きもらしたことなど――ひとびと、ところどころ、ほん」の最終章は、大谷さんの人となりと歴史への接近感覚を見事に現している。

大谷さんの書きぶりの良さは次の例からわかる。「社史はいろいろあるが『東邦電力史』『日本発送電社史』は秀逸である。両社ともつぶされた会社である。そこには亡びた会社への愛惜と怨念がこめられ、気迫を感じる」。「『新井章治』、近藤良貞『電力再編成日記抄』も面白かった。『日記抄』は、おそらく財界の内幕がこんな形で世に出ることはこれまでもなかったし、今後もあるまい。奇書である」。「『日本発送電社史・総合編』と『新井章治』の執筆者は、ともに筆者の勤務する朝日新聞の先輩で、軍事記者としてならした高宮太平であることを発見した。もちろん依頼者日発の意を受けた日発の正史なのだが、かならずしも日発に偏していない。日発の官僚的経営への批判はかなりしんらつである。そこが面白かった」。

史料としての本の価値についても、短いながら大谷さんは適確である。後に国会図書館で『日本発送電社史・総合編』と『新井章治』の朱入りの原本を発見したとき、まさに大谷さんのいう高宮太平と依頼者側とのつばぜり合いの跡を、そこにうかがうことができた。黒字の原文の削除と赤字の補足とが、事実検証をめぐって繰り返されるのだ。大谷さんあっぱれ、あなたの読みは正しいと言いたかった。

かくて、私は大谷さん本人と、この最終章に導かれて「電力と政治」の研究を進めていった。そして実はどんどん袋小路に入り込んでいったのだ。

資料にはコト欠かなかった。都立大法学部書庫には、先達の努力によって、戦前から戦後にかけての資料や本がたくさん集められていた。それらをどんどん八雲（目黒区八雲。東京都立大学のキャンパスがかつてあったところ）の個人研究室の書架に並べた。また古本屋のカタログを片っ端から集め、一次資料から希少本まで買い漁った。そして分析を進めたのだが、どうにもうまくいかぬ。原稿用紙に勇んで何度向かったことか。しかし「待てよ！」「これ、どこかに書いてあったな」とあわてて『興亡』を紐解いてみると「なんだ、大谷さん、もう書いているよ」「あっ、大谷さんと同じ文脈じゃん」。繰り返しこういう体験を踏んだのち、次第に「電力と政治」は遠い彼方にましますようになった。

しかも、大谷さんの『興亡』は中曽根行革の目玉となった国鉄分割民営化派のバイブルへと大化けし、白桃書房から再刊の運びとなった（一九八四年）。のちにJR東海を仕切る葛西敬之さんも、本書をむさぼり読んだと聞いた。ああ「電力と政治」は現実政治との転轍手になってしまったのだ。当時、現実政治と歴史の相互関連性のあり方にあくまでも一線を引いていた私にとって、この研究テーマはますます遠い存在になったと言ってよい。

無論、何も書かなかったわけではない。一九九六年に公刊した『政策の総合と権力』（東京大学出版会）に収められた四論文いずれにも、私があたった電力関連資料はフルに使われている。しかし、「電力と政治」を真正面から取り上げた論文は、ついに書かれざる一章として残されてしまった。

論文こそ迷走し出来なかったが、この間大谷さんとの清談はくり返された。東京電力のバーというのが銀座にあって、そこにも連れていかれた。酔っぱらったマダムが、お気に入りの社長がやめた日で荒れに荒れて、大谷さんと間違えて私の小指を「悔しい！」と叫ぶやがぶりと噛んで痛い思いをしたこともある。大谷さんは私に「夜の蝶はおそろしいもんや」と言って、私をもう一軒、詫びの印と称してカラオケバーに連れて行ってくれた。大谷さんは酔うほどにマイクを離さず、しかし決まってお気に入りの歌、小柳ルミ子の「瀬戸の花嫁」を絶唱してやまなかった。

夜の清談会ばかりではない。大谷さんはジャーナリストとして、公共事業体、地域経済、森林問題を関心の領域としていたから、我々御厨研究室が「東京都下の檜原村の政治行政」をテーマに現地調査に入った際、院生たちと同道した。村長選直後で村民たちが我々をいぶかしんでいる中でも、大谷さんは臆することなく、飄々と村長から村のいろいろな人にまで気楽に声をかけ、ふむふむと取材を続けていく。一緒にお湯につかり、酒を飲んでは院生をからかい、たいへんなご満悦であった。ここでも社会勉強をしたのは我々のほうであった。

大谷さんは定年三年前、日本記者クラブ賞をとり、ご機嫌であった。この間、財界人の歴史の本などを書いていた。「定年後、どうするのか」という私の問いに、意外や神妙な顔で「身の振り方は難しい」と言った大谷さんは、「これまで辛口記事を書いてきた身として財界の世話にだけはなりたくない」とキッパリ。「定年前に筆が緩くなったと思ったら、財界の世話で天下るというのは筋が通らん」と明言した。もっともすぐにニヤッと笑って「女子大の先生ならいいかも」と宣う。結局一九九〇年で定年を迎えた大谷さんはフリージャーナリストになった。清談はそれから十年続いた。『問題記事――ある朝日新聞記者の回想』（草思社、一九九三年）は、自らの新聞記者人生を振り返り自らの記事を自己検証した、大谷さんらしい著作であった。その後、自己検証本を出した記者はほとんどいない。それがいかに勇気ある行為であったか、今のほうがよりわかるというものだ。

その後も、私のシンポジウム、講演会企画など機会があるたびに来てもらった。大谷さんは帰りがけに「まだ何人か知り合いがおった。挨拶できた」と述べ満足そうだった。古稀の二年前、『定年族の時間割』を、何と主婦の友社から出したときは、自慢気に「この私がとうとう主婦の友になったわけや」と語り、嬉しそうだった。定年からほぼ十年、いかに老人生活が少しずつではあるが変わってきたかを、大谷さんのボケを装った笑いを呼ぶ文体で軽妙に書いている。エスプリとユーモアあふれこう。

る文章と言いたいところだが、大谷翁の年寄り気分にあふれたしみじみとした文章だったと言ってお

そして二十一世紀明けとともに古稀を迎えた大谷さん、さる会合で「七十歳になった。依頼原稿はピタリ来なくなった。今日の会合には知り合いが一人もいなかった」と驚きの声をあげるとともに、声を低くして「もうお誘いはなくていい。これで終わりにしよう」。寂しげではあったが、しゃんとした後ろ姿をみて、私はこれで清談は終わりだと思った。二十年の清談の交わり。国鉄民営化と電力民営化に始まる大谷さんとの長い清談の歴史にこれで終止符を打った。現役バリバリの時から定年を迎え古稀までの大谷さんと併走することに、いつの間にか私は人生の節目のあり方を感じていた。今、私は大谷さんと清談の機を終えた古稀を迎えた。大谷さんは何と言うだろうか。「まだまだ君は」と言うか、「そろそろ君も」と言うか。さあ、さてさて如何。

（東京都立大学名誉教授、東京大学名誉教授）

【や行】

【ら行】

【さ行】

【た行】

主要人名索引

編集付記

一、本書は、一九七八年に産業能率短期大学出版部（現産業能率大学出版部）から刊行され、一九八四年に白桃書房より再版された大谷健著『興亡』に、新たに御厨貴氏のエッセイを巻末に加え復刊するものである。なお、副題は初版時には「電力をめぐる政治と経済」だったが、再版時に「電力　民営・分割の葛藤」と変更されている。

一、復刊に際しては、再版本（白桃書房版）を底本としたが、副題は初版時の「電力をめぐる政治と経済」を採用した。また、掲載写真を新たに選定し直し、明らかな誤字脱字は改めた。

一、本文中、差別にかかわる語句・表現も見られるが、時代的背景と作品の価値に鑑み、また著者他界によりそのままとした。

吉田書店編集部

著者紹介
大谷 健（おおたに・けん）
1930年大阪市生まれ。大阪商科大学（現大阪市立大学）卒。
1952年朝日新聞社入社。東京本社、名古屋本社各経済部次長を経て、東京本社編集委員（経済問題担当）。1987年度日本記者クラブ賞受賞。1990年定年退社後も執筆活動を続けた。
2014年９月逝去。
著書に、『国鉄は生き残れるか』（産業能率短期大学出版部）、『戦後財界人列伝』（産業能率大学出版部）、『緑の経済学』（潮出版社）、『久山町長の実験』『起業家精神の研究』『問題記事』（いずれも草思社）、『国鉄民営化は成功したのか』『平成デフレ』（いずれも朝日新聞社）、『定年族の時間割』（主婦の友社）など。

興亡
電力をめぐる政治と経済

2021年６月16日　初版第１刷発行

著　者　大谷　健
発行者　吉田真也
発行所　合同会社 吉田書店
102-0072　東京都千代田区飯田橋2-9-6 東西館ビル本館32
TEL：03-6272-9172　FAX：03-6272-9173
http://www.yoshidapublishing.com/

装幀　野田和浩
DTP　アベル社
印刷・製本　藤原印刷株式会社
定価はカバーに表示してあります。

ISBN978-4-905497-96-7